景観に配慮した
道路附属物等ガイドライン

■編著／道路のデザインに関する検討委員会
■発行／一般財団法人　日本みち研究所

発刊にあたって

　道路附属物等は、道路の機能を満足させるためにそれぞれの役割を担っています。その種類や数が多く設置延長も長いため、日本の道路景観に与える影響は極めて大きいものです。道路附属物等の中の防護柵については、平成16年に「景観に配慮した防護柵の整備ガイドライン」が策定されていますが、「美しい国づくり」を進め日本の魅力を高めていくためには、防護柵だけでなく、照明、標識柱、歩道橋等の道路附属物や、様々な道路占有物件も、景観に配慮したものとしていくことが必要です。

　このような背景を踏まえて、平成29年3月に「道路のデザインに関する検討委員会」が設置され、同時に刊行された「補訂版 道路のデザイン―道路デザイン指針（案）とその解説―」の改定の議論と同時に、様々な道路附属物等のあり方について議論を進め、そのデザインの考え方や推奨する色彩などについて「景観に配慮した道路附属物等ガイドライン」として新たに発刊することになりました。

　道路全体の美しさを保証するための方法は、「補訂版 道路のデザイン―道路デザイン指針（案）とその解説―」を参照していただきたいのですが、本ガイドラインでは、その一部である道路附属物等についてより具体的に実行しやすいように記述してあります。本ガイドラインが活用されることにより、全国各地で景観に配慮した道路附属物等の整備が進み、道路附属物等が景観阻害要因とならず、美しい道路に資する存在になることを期待しています。

　最後に本ガイドラインの策定にあたって議論をいただきました「道路のデザインに関する検討委員会」の委員の皆様、原稿の作成に協力いただいた事務局の皆様、関係各位に心から謝意を申し上げます。

平成29年11月

道路のデザインに関する検討委員会

委員長　天野　光一

道路のデザインに関する検討委員会

委 員 名 簿

委員長	天野　光一	日本大学　理工学部　教授
委　員	池邊このみ	千葉大学大学院　園芸学研究科　教授
委　員	佐々木　葉	早稲田大学　創造理工学部　教授
委　員	真田　純子	東京工業大学　環境・社会理工学院　准教授
委　員	平野　勝也	東北大学　災害科学国際研究所　情報管理・社会連携部門　准教授
委　員	福多　佳子	中島龍興照明デザイン研究所　取締役
委　員	吉田　愼悟	武蔵野美術大学　基礎デザイン学科　教授
委　員	松島　進	東京都　建設局　道路管理部　安全施設課長
委　員	松井三千夫 （大石俊一）	静岡県　交通基盤部　道路局　道路保全課長
委　員	西尾　一郎	名古屋市　緑政土木局　参事
委　員	川﨑　茂信	国土交通省　道路局　国道・防災課長
委　員	森山　誠二	国土交通省　道路局　環境安全課長
委　員	井上　隆司	国土交通省　国土技術政策総合研究所　道路交通研究部　道路環境研究室長

（　）内は前任

目 次

発刊にあたって

第1章　ガイドラインの概要 ………………………………………1
  1-1　ガイドラインの目的と役割 …………………………2
    1-1-1　ガイドラインの目的 ………………………2
    1-1-2　ガイドラインの役割 ………………………2
  1-2　適用する道路と道路附属物等の種類 ……………3

第2章　道路附属物等の景観的配慮の考え方 …………5
  2-1　景観的配慮の基本理念 ………………………………6
  2-2　沿道の特性と道路の景観 ……………………………8
    2-2-1　市街地・郊外部の道路景観 ………………8
    2-2-2　自然・田園地域の道路景観 ………………10
  2-3　景観的な配慮が特に必要な地域・道路…………11

第3章　道路附属物等のデザイン ……………………………15
  3-1　防護柵…………………………………………………18
    3-1-1　防護柵設置の判断と対応…………………18
    3-1-2　防護柵のデザイン方針……………………22
    3-1-3　防護柵の色彩選定…………………………29
    3-1-4　視線誘導への配慮…………………………31
  3-2　照明……………………………………………………32
    3-2-1　車道照明柱のデザイン方針………………32
    3-2-2　歩道照明柱のデザイン方針………………34
    3-2-3　照明柱の色彩選定…………………………37
    3-2-4　夜間景観（照明）の方針…………………39
  3-3　標識柱…………………………………………………41
    3-3-1　標識柱のデザイン方針……………………41
    3-3-2　標識柱の色彩選定…………………………42
  3-4　歩道橋…………………………………………………44
    3-4-1　歩道橋のデザイン方針……………………44
    3-4-2　歩道橋の色彩選定…………………………46
    3-4-3　歩道橋の記名表示…………………………48
  3-5　その他の道路附属物等………………………………50
    3-5-1　遮音壁………………………………………50
    3-5-2　落下物防止柵………………………………55
    3-5-3　防雪柵………………………………………56
    3-5-4　ベンチ………………………………………57
    3-5-5　バス停上屋…………………………………58
    3-5-6　視線誘導標…………………………………59

3-5-7　立入防止柵 ……………………………………………64

3-5-8　道路反射鏡 ……………………………………………65

3-5-9　舗装・路面への表示 …………………………………67

3-6　道路附属物等のデザイン調整 …………………………………74

3-6-1　同じ種類の道路附属物等の形状・色彩の統一 ……74

3-6-2　近接して設置される他の道路附属物等との調和 …76

3-6-3　道路管理者間での調整 ………………………………77

3-6-4　整備時期のずれについての対応 ……………………78

3-6-5　道路占用物件 …………………………………………79

3-7　コストと維持管理 ………………………………………………82

3-8　暫定供用時の景観検討 …………………………………………85

3-9　道路附属物等のデザイン（まとめ）…………………………87

第4章　景観に配慮した道路附属物等整備の進め方 ………………89

4-1　道路附属物等に係るマスタープランの策定 …………………90

4-1-1　マスタープランの定義と策定目的 …………………90

4-1-2　マスタープランの内容 ………………………………90

4-1-3　マスタープランの対象範囲 …………………………92

4-1-4　マスタープランの策定主体 …………………………92

4-2　マスタープランに基づく道路附属物等の選定 ………………94

4-2-1　設置する道路附属物等の検討と選定 ………………94

4-2-2　マスタープランがない場合の当面の対応 …………94

4-3　地域意見のとりまとめ …………………………………………95

4-3-1　道路附属物等に係るマスタープランの策定段階 …95

4-3-2　道路附属物等の選定段階 ……………………………95

4-4　事後評価の実施 …………………………………………………96

4-4-1　整備実施直後の評価項目 ……………………………96

4-4-2　整備実施から数年後の評価項目 ……………………96

4-4-3　マスタープランの修正・調整 ………………………97

参考資料 …………………………………………………………………99

1．役割と使い方 ……………………………………………………100

2．景観の種類 ………………………………………………………106

3．色彩の基礎知識 …………………………………………………108

4．道路附属物等の現状 ……………………………………………109

5．夜間景観ガイドライン等の事例 ………………………………117

6．車道混在・自転車通行帯表示のローカルルールの設定事例 …124

7．防護柵の種類と形式 ……………………………………………125

8．道路附属物等関連基準類一覧 …………………………………127

綴込附録

道路附属物等基本4色色見本

第1章
ガイドラインの概要

1-1 ガイドラインの目的と役割

1-1-1 ガイドラインの目的

　道路は、様々な社会経済活動を支える最も基本的な社会資本であると同時に、国土や地域を眺める重要な舞台装置でもある。道路の環境・景観を美しく整えることは、美しい国土づくり、文化的で豊かな国民生活の実現を図るうえで極めて重要である。

　本ガイドラインは、道路の質的向上を図り、もって美しく風格のある国土の形成、潤いのある豊かな生活環境の創造等に寄与することを目的として、道路附属物等の設置・更新を検討するにあたって、本来の安全面での機能を確保したうえで景観に配慮するとはどのようなことなのか、どの様な道路空間を目指すべきなのか、その考え方をまとめたものである。

1-1-2 ガイドラインの役割

・本ガイドラインは、道路空間に数多く設置される道路附属物等が道路景観に与える影響の大きさを鑑み、道路管理者が道路附属物等の設置や更新等の場面において留意すべき事項を、現場での実践的な活用を考慮して《ポイント》と《具体的方法の例》として分かりやすくとりまとめた。

・道路附属物等の色彩は、道路景観に大きな影響を与える要素のひとつである。本来、良好な景観形成に配慮した道路附属物等の色彩は、地域の特性に応じた適切な色彩を選定することが基本であるが、本ガイドラインでは一般的な我が国の自然や風土、建築物等との融和性の観点から、景観に配慮する際の道路附属物等の基本とする色彩を提示することで、道路景観向上の取組みの底上げを企図した。

・道路附属物等の形状や色彩に係る指針類を独自に作成している地方整備局や国道事務所、地方公共団体等は、今までどおり当該指針類に準拠することとし、独自の指針等を作成していない場合においては、本ガイドラインに準拠して道路附属物等を設置・更新することが望まれる。

・場面や立場によって、留意すべき内容は変わるため、「補訂版 道路のデザイン―道路デザイン指針（案）とその解説―」（以下「補訂版 道路のデザイン」という。）と合わせ、本ガイドライン参考資料「1．役割と使い方」も併せて参照されたい。

・具体的な整備の推進にあたっては、本ガイドラインの趣旨に沿った道路附属物等の製品等が製造されることが前提であり、関係業界団体における適切な対応が期待される。

1-2 適用する道路と道路附属物等の種類

・道路附属物等は全国の様々な道路に設置される施設であることから、本ガイドラインは、全国全ての道路を対象とする。また、新設、改築のみならず、維持修繕や災害復旧においても適用する。

・防護柵については、「防護柵の設置基準／平成16年3月、国土交通省道路局」に定められた全ての防護柵を対象とする。具体的には、車両を対象とする車両用防護柵（たわみ性防護柵、剛性防護柵）と歩行者等を対象とする歩行者自転車用柵（横断防止柵、歩行者自転車用柵）を対象とする。

・照明、標識柱、歩道橋およびその他の道路附属物等（遮音壁、落下物防止柵、防雪柵、ベンチ、バス停上屋、視線誘導標、立入防止柵、道路反射鏡、舗装・路面への表示）も対象とする。

・占用者との協議等により調整を図ることが基本となるが、ベンチ、バス停上屋、地下出入口、変圧器等の道路占用物件も対象とする。

・なお、橋梁等の比較的規模の大きな構造物や駅前整備、面的整備等に伴う道路附属物等の整備にあたっては、本ガイドラインの趣旨を踏まえながら、別途専門家による検討を行うことが望まれる。

第1章 ガイドラインの概要

第2章
道路附属物等の景観的配慮の考え方

2-1 景観的配慮の基本理念

（1）道路附属物等は道路景観の脇役である

　道路景観の主役は、沿道に展開する街並みや自然風景等の景観であり、歩道上で歩き、楽しむ人々の姿である。道路附属物等は、それらを引き立てる景観の「脇役」である。そのため、デザインの工夫を行う際は、それ自体が道路景観のなかにおいて目立たず、周辺景観に融和し、風景の一部として違和感なく存在することが基本である。また、舞台や映画等における脇役陣が協力して主役を盛り立てるように、各種の道路附属物等も相互に形状や色彩の面で協力し、沿道に展開する景観や歩道上の人々の姿を引き立てる努力が求められる。

（2）景観と安全性を両立する

　道路附属物等は、別途定められている各種設置基準に基づき安全で円滑な交通を確保することが前提であるが、一方で、利用者の快適性と地域の美しい景観に混乱を与えないことが重要である。特に、防護柵などの交通安全施設は、常に景観と安全性の両立を図った質の高いデザイン（周辺景観との融和、他の構造物との調和、構造的合理性に基づいた形状、周辺への眺望の確保、人との親和性等に配慮されたデザイン）とすることが基本である。

（3）代替策も含め道路附属物等の必要性を十分に検討する

　道路景観の主役は、沿道に展開される景観（街並み、自然風景等）や歩道上の人々であり、必要以上に道路附属物等を設置することは景観形成上好ましいことではない。例えば、これまでの設置事例のなかには、必ずしも防護柵としての機能が求められない場所に設置されている例や、防護柵以外の施設で代替可能な例もみられる。

　道路交通の安全確保に照らして、必ずしも道路附属物等としての機能が求められない場所には、道路附属物等を設置しないことを基本とする。

　また、道路附属物等の設置が求められる場所においても、景観に優れた他施設（防護柵の代わりとしての縁石や駒止め）による代替の可能性を検討すべきである。

　なお、道路の新設時、改築時において道路構造を検討する際には、安全性や経済性の検討に加えて、景観的配慮を行うことが基本である。この段階における道路附属物等の景観的配慮の方法としては、多くの道路附属物等の設置を必要としない道路構造を検討対象とすることである（3-1-1（3）、3-5-1等参照）。

（4）道路附属物等の集約化・撤去を検討する

　道路空間に設置される道路附属物等は、それぞれに求められる機能が異なることから、個別に設置されがちである。しかし、これでは限られた道路空間は、道路附属物等で窮屈となり、景観的にも混乱をきたしやすい。道路空間をすっきりとさせ、景観的な向上を目指すためには、道路照明と歩道照明を一体化するなどの、施設の集約化を検討することが求められる。

　また、既に設置された道路附属物等については、既存ストックを極力活かしながら、更新時や通常の維持管理を通じて無駄なく質の高い道路景観を創出していくことを基本とする。この際、更新する予定のない施設は、撤去することもあわせて検討することが求められる。

（5）人との親和性に配慮する

　人と道路附属物等との関係性を考慮することは、オープンカフェ等に代表される道路空間利活用が進みつつある今日、きわめて重要な事項である。例えば、歩車道境界に設置される車両用防護柵や歩行者自転車用柵、歩道上に設置されるベンチ等は、歩行者が直接触れることを考慮することが必要である。歩行者の利用がある場合には、ボルト等の突起物、部材の継ぎ目等により歩行者に危害を及ぼすことのない形状とすることが基本であり、また心理的に危険や不快な形状も避けることが望ましい。

　さらに、特に歩行者の利用が多い場所においては、バリアフリーの観点からの防護柵への手摺の設置が考えられるほか、道路附属物等の手触り感の向上等、人が身体感覚的に受け入れやすいような配慮を行うことが望ましい。

（6）機能性・経済性に配慮する

　道路附属物等は、それぞれに目的があって設置されるものであり、本来有すべき機能が発揮されることが前提となる。そのうえで、道路景観を構成する重要な一要素として、その姿・形が洗練されるべきものであるが、その検討や設置にあたっては、経済性に配慮することが求められる。そのような意味で景観に配慮した妥当な価格の標準製品の普及が期待される。

　また、道路附属物等は経年的な劣化や事故等による変形または破損が想定される施設であるため、点検や維持修繕の容易性を考慮した素材や形状を選定するがことが求められる。

　一方、景観的な配慮が特に必要な地域・道路（2-3参照）においては、地域の判断として、特注品による修景が効果的な場合があり、個別の取組みとして行われることを妨げるものではない。

（7）地域の景観特性に応じた基本色を設定し、形状や色彩を検討する

　沿道には、様々な様相の景観が広がっている。同じ路線であっても地形や沿道の土地利用状況、植生等によって道路の景観は大きく異なるものとなる。また、同じ都市部であっても幹線道路と住宅地の生活道路のように道路や沿道のスケールによっても道路の景観は大きく異なる。

　このような沿道の景観の違いによって、道路附属物等の形状や色彩等のあり方も変わることとなる。そのため、道路附属物等の設置検討対象とする区間について、沿道の道路景観を幾つかのタイプに分類し、タイプ別に沿道景観と調和する基調色を設定したうえで、各道路附属物等の適切な形状や色彩等を検討することが基本である。

（8）沿道の関係主体との連携による道路景観の連続性を確保する

　道路は、線的に連なる構造物であり、その沿道で様々な営為がなされて、街並み等が形成される。道路景観の向上にあたっては、沿道の地域住民や企業、関係機関等との密接な連携と協働に努め、良質な道路景観の連続性を確保することを目指す。

　特に、景観法の施行を受け、地方公共団体において景観計画の策定をはじめとする景観に配慮したまちづくりが進められており、道路をはじめとする公共施設が景観法に基づく景観重要公共施設に指定されることも考えられる。地域のこのような意向を尊重しつつ、道路附属物等の形状や色彩について地域景観との不調和が起こらないように、道路全体として留意することを基本とする。

2-2 沿道の特性と道路の景観

　道路の景観は、沿道の特性によって大きく異なる。ここでは建築物が連担する市街地や建築物が点在する郊外部（以下「市街地・郊外部」という。）の道路景観と、樹林地や田園等、自然的環境が卓越する地域（以下「自然・田園地域」という。）の道路景観に大別して、その特徴を示す。自然・田園地域の検討に際して、対象路線の地形や沿道の特性から「樹林地」「田園地域」「海岸部」の３地域にさらに細区分することが望ましい場合もある。

　また、市街地・郊外部の検討に際しても、対象路線の立地や沿道の特性から「市街地」と「郊外部」の２地域に細区分することが望ましい場合がある。

　なお、「道路デザイン指針（案）」に示されている地域区分との対応関係は、下表に示すとおりである。

表2.2.1　本ガイドラインの地域区分と「道路デザイン指針（案）」の地域区分との対応関係

本ガイドラインの地域区分	「道路デザイン指針（案）」の地域区分
「市街地・郊外部」	市街地、都市近郊地域
「自然・田園地域」（樹林地・田園地域・海岸部）	山間地域、丘陵・高原地域、水辺、田園地域

2-2-1 市街地・郊外部の道路景観

・市街地・郊外部の景観は、そのほとんどが道路上からの眺めによっており、建築物や工作物等の沿道の人工的要素が、道路景観を大きく規定している。

・市街地には、比較的幅員の広い目抜き通り、表通り等から、比較的幅員の狭い裏通り、横丁、路地等まで、様々な性格の道路が存在しており、それぞれが性格に応じた景観を呈していることが、街に多様性や奥行きを与え、その街らしい顔・表情をつくっている。なかでも、地域の中心地区や駅前広場、大通り、繁華街等の地域のシンボルとなるような場所の道路空間は、特に多くの人が集まり、活動を楽しむ場でもあるため、このような人の活動の姿自体が道路景観の主役となる場合もある。

・一方、郊外部には、幅員が広く大規模店舗等が立地する幹線道路や、落ち着いた住宅街の生活道路などが存在しており、市街地と同様に沿道の土地利用が道路景観を規定している。

・市街地・郊外部の道路空間には、防護柵をはじめとする多様な道路附属物等（標識、照明等）が存在する。これらの施設は、それぞれ目的が異なる施設であるものの、道路景観を構成する要素として同時に眺められることとなることから、市街地・郊外部の道路景観の形成においては、防護柵を含む道路附属物等の相互のデザイン（形状、色彩）の関連性、統一性が重要な観点となる。

　上記に示した市街地・郊外部の道路における道路附属物等の景観的特徴は、沿道の街並み等のきわめて多様な人工的要素とともに眺められ、かつ、歩行者が直接に触れる機会が多いことである。

■市街地では、沿道の建築物や広告、標識、照明等、多様な人工的要素が、道路空間とその道路景観を大きく規定する

■市街地の大通りや繁華街では、歩行者が防護柵に直接に触れる機会も多い

■郊外部の道路では、沿道への出入りによって断続的となる防護柵等や、様々な素材・色彩の道路附属物等が出現し、道路景観が煩雑になりやすい

第2章 道路附属物等の景観的配慮の考え方 | 9

2-2-2 自然・田園地域の道路景観

- 樹林地や田園地域、海岸部等の自然的環境が卓越する地域では、沿道の人工的要素（建物等）の影響は比較的小さく、道路景観は道路自体のデザインや沿道の立地特性に大きく規定される。具体的には、道路の線形や構造、地形・植生等の要素、沿道に広がる農業的な土地利用等から生まれる景観が主体となる。また、道路が同一の景観的基調を有する地域を一定の延長以上連続して貫き、このような地域景観を眺められる場所となるところにも特徴がある。

上記に示した自然・田園地域における道路附属物等の景観的特徴は、遠景や中景となる地形、自然植生、田園、海岸等の手前に眺められることである。

■自然・田園地域では、道路の線形や構造、地形・植生等の要素等から生まれる景観が主体である

2-3 景観的な配慮が特に必要な地域・道路

　沿道の特性は 2-2 のとおり、市街地・郊外部と自然・田園地域に大別されるが、特別な景観検討が求められる地域や道路が存在する。これらの道路には、景観法に基づいて指定された景観地区、準景観地区および、景観行政団体が定める景観計画において景観形成重点地区等に指定された地区、都市計画法に基づく風致地区等の景観上重要な地区内の道路がある。
　ここでは、これらに加えて、地域における景観的な配慮を考える際の参考とするために、道路景観の形成上、特に配慮が必要な地域や道路を例示的に示した。

> ■景観的な配慮が特に必要な地域・道路
> ①地域の中心地区等において街の骨格を形成する道路、地域にとってシンボルとなる道路、多くの人が集まる地域
> ②歴史的価値の高い施設周辺もしくは歴史的街並みが形成されている地域や、古くからの街道や参道など歴史的価値の高い道路
> ③遠景、中景、近景を問わず、山岳や景勝地、田園、海などが望め、眺望に優れた道路
> ④その他、地域の人にとって特別な意味のある地域・道路

（1）地域の中心地区等において街の骨格を形成する道路、地域にとってシンボルとなる道路、多くの人が集まる地域

　地域の中心地区等において街の骨格を形成する道路、地域にとってシンボルとなる道路、多くの人が集まる地域等は、まちの顔ともなる場所といえる。これらの場所の道路では、道路空間の再構築などが行われている例がみられることなどから、特段の景観的配慮が求められる。

［地域・道路の例］
・景観法に基づく景観重要公共施設に位置付けられている道路
・街の骨格を形成する道路
・地域のシンボルとなる道路
・歴史的経緯から地域にとって重要な道路（古くからの街道、かつての大手筋等）
・多くの人が集まる繁華街や、地域の玄関口となる駅前
・地域の憩いの場となっている公園の周辺や、学校の周辺　　等

■街の骨格を形成する道路

■地域の玄関口となる駅前

（２）歴史的価値の高い施設周辺、もしくは歴史的街並みが形成されている地域や、古くからの街道や参道など歴史的価値の高い道路

　近年、地域における歴史的風致の維持及び向上に関する法律（歴史まちづくり法）による「歴史的風致維持向上計画」の認定都市や日本遺産の認定都市が増加している。このような全国的動向は、自分たちのまちのアイデンティティを見直し、それを地域づくりの柱のひとつとして据えるということであり、一方ではインバウンド等の観光客誘致につなげたいという地域の思いの表れである。

　このような地域の道路における道路附属物等は、必要最小限の設置に留めるとともに、設置する場合においても地域の歴史的価値を損なわないようなできるだけ目立たないように規模や形状、色彩の工夫を行うことを基本とする。

　［地域・道路の例］
　・歴史的価値の高い施設周辺の道路
　・重要伝統的建造物群保存地区等、かつての宿場町や門前町等歴史的価値が高い街並みが形成されている地域
　・古くからの街道や参道など、歴史的な価値の高い道路
　・「歴史的風致維持向上計画」の重点区域内の道路
　・「日本遺産」のルート上にある道路　　　等

■歴史的価値の高い施設周辺の道路

■歴史的街並みが形成されている地域は、街並みとしての統一性に優れ、落ち着いた色調を有していることが多い

■歴史的価値の高い地域では、必要最小限の道路附属物等の整備がなされている

■歴史的な街並みを阻害しないシンプルな道路空間が形成されている

（3）遠景、中景、近景を問わず、山岳や景勝地、田園、海などが望め、眺望に優れた道路

　山岳や景勝地、田園、海などが望め、眺望に優れた道路では、それらの眺めを阻害しないことが道路附属物等の基本である。

［地域・道路の例］
- 自然公園（国立公園、国定公園、県立公園等）内の道路
- 地域を代表する山岳への眺望が得られる道路
- 「日本風景街道」内の主なルート
- その他、地域の景勝地や田園や海などへの眺望が得られ、眺望に優れた道路

■自然公園内の道路

■地域を代表する山岳への眺望が得られる道路

（4）その他、地域の人にとって特別な意味のある地域・道路

　外部の人にとってはわかりにくいが、地域の人々にとっては大切な地域や道路というものが存在する。例えば、優れた形姿を有しているわけではないが、地域の人々が長年大切にしてきた集落近くに広がる里山の風景を有する地域、あるいは現在は一般の住宅等が立ち並んでいるが、かつては街道や参道として利用された道路等、その地域の人々にとって特別な意味を持っている地域・道路等が挙げられる。

　これらの地域・道路は、外部の人では気付きにくいため、あらかじめ地域意見の聴取等を行ったうえで、道路整備としての今後の対応を検討する必要がある。

■地域の意見から追分が復元された例
　地域の有志がかつての追分の様子を文献から再現、それを行政が支援して追分が復元された

第3章
道路附属物等のデザイン

《道路附属物等のデザインの基本方針》

　道路空間には、道路本体に加えて防護柵などの道路附属物等や、電気設備の地上機器等の道路占用物件など、様々な施設が設置されている。道路の景観は、沿道の街並み等の景観とこれらの施設がつくりだす景観の両者から構成されるが、多数設置される道路附属物等が道路の景観に与える影響はきわめて大きい。そのため、景観計画等の上位計画に配慮しながら、周辺の景観に融和することが求められる。

　道路附属物等は、それぞれに果たすべき機能が異なり、形状や設置場所も異なる。それぞれの道路附属物等は、求められる機能を満足させる合理的で洗練された形状と周辺景観を引き立てる色彩を具備する必要がある。

　同一種類の道路附属物等においても、形式や形状が異なるものが多数あり、設置に際してはそれらから選択して設置することになる。しかし、景観的な基調を同じくする一定の道路区間において、形式や形状・色彩が異なる同一種類の道路附属物等（防護柵でいえば、白色ガードレールとグレーベージュガードパイプなど）を漫然と設置すると、道路景観の連続性が損なわれることになる。このような例は、同一の路線であっても整備時期が異なる場合などに、見られることが多い。道路附属物等の設置にあたっては、空間や場所をよく考えた対応が求められる。

　また、国道や県道などの道路管理者の違いによって、形式や形状・色彩が異なる同一種類の道路附属物等が使われることが多い。しかし、道路利用者にとって、管理者が異なるとは認識されない路線や交差点部においてこのようなことが生じると、道路景観の連続性が損なわれるほか、交差点の景観に混乱をきたすこととなる。良好な道路景観創出のためには、道路管理者間の調整も必要である。

　道路空間においては、防護柵や照明、標識などの複数の道路附属物等が設置される。たとえば照明施設のデザインだけが優れていてもその他の施設のデザインが劣っていては、良好な道路景観の創出は望めない。良好な道路景観創出のためには、これらの施設間でのデザインに脈絡を持たせる努力が求められる。

《本ガイドラインで推奨する基本色について》

　良好な景観形成に配慮した道路附属物等の色彩は、本来、地域の特性に応じた適切な色彩を選定することが基本であるが、「景観に配慮した防護柵ガイドライン／平成16年5月、景観に配慮した防護柵推進検討委員会」では、我が国の伝統的な街並みや現代の建物の外壁が、マンセル表色系の10YR系の色彩を基調色としていることや、土や岩、樹木の幹等の自然の色彩についてもYR系の色彩が比較的多いこと等を踏まえ、これらとの色彩的な融和や調和の観点から、10YR（イエローレッド）系の色相におけるダークグレー、ダークブラウン、グレーベージュの3色を、景観に配慮する際の基本的な色彩として提示している。

　今回の改定にあたっては、上記の3色に、YR系を基調としない街並みにも調和しやすい色彩としてオフグレーを加えている。これは、臨海部や工業地域などの人工構造物が多い地域や、グレー、シルバーグレーなどの無彩色系の外壁材等を多用する地域などにも調和しやすいことを考慮したものである。

以上のことから、本ガイドラインでは、景観に配慮する際の道路附属物等の基本色として下表に示す4色を提示している。

　具体的な色彩選定にあたっては、本章の3-1-3防護柵の色彩選定、3-2-3照明柱の色彩選定、3-3-2標識柱の色彩選定などの個別の項目を参照するものとするが、ここでは、色彩の使い分けを検討する際に参考となる4色それぞれの特徴を示す。

表3.1　基本とする4色の特徴と留意点（○長所、◇短所）

基本色名称及びマンセル値	色の特徴	使い分けを検討する際の留意点
ダークグレー 10YR3.0/0.2※	彩度が極めて低いため、無彩色に近い印象を与えることがある濃灰色	○沿道景観を選ばない（汎用性が高い） ○都心部や駅周辺など、景観をコントロールする場合の使い勝手が良い ○明度、彩度が低いため歴史的な街並みと調和しやすい ◇塗装面が大きい道路附属物等への使用や、開放的な沿道空間のある道路での使用は、重たい印象となることがある
ダークブラウン 10YR2.0/1.0	4色のなかで明度が最も低いため、ダークグレーよりも暗い色に感じられるこげ茶色	○沿道景観を選ばない（汎用性が高い） ○明度が低いため、樹林地等のやや閉鎖的な自然景観のなかで道路附属物等の存在感を主張しすぎない ○明度、彩度が低いため歴史的な街並みと調和しやすい ◇塗装面が大きい道路附属物等への使用は重たい印象となることがある ◇彩度は低いが赤の色味があるため、経年変化による退色で赤味が浮き上がる場合がある
オフグレー 5Y7.0/0.5 （本ガイドライン追加色）	色味をあまり感じない明るい自然な灰色	○周辺が比較的明るい色彩を基調とする地域の景観と調和しやすい ○YR系以外を基調とする街なみにも調和しやすい ○明度が高いため、連続する道路附属物等においては、視線誘導効果が高い ◇鬱蒼とした樹林地や閉鎖的な沿道空間のある道路においては、塗装面が大きい道路附属物等に使用すると目立ちすぎる場合がある ◇明度が高いため、夜間景観においては光を反射して必要以上に目立つ場合がある
グレーベージュ 10YR6.0/1.0	黄赤の色味の彩度を低く抑えた薄灰茶色	○開放的で明るい色彩を基調とする地域の景観と調和しやすい ○明度が高いため、連続する道路附属物等においては、視線誘導効果が高い ◇鬱蒼とした樹林地や閉鎖的な沿道空間のある道路においては、塗装面が大きい道路附属物等に使用すると目立ちすぎる場合がある ◇明度が比較的高いため、夜間景観においては光を反射して必要以上に目立つ場合がある

※10YR3.0/0.2を基本とし、彩度は0.5を上限とする。なお、本ガイドラインにおいて同様の取り扱いとする。
注）基本色については、巻末綴込みの色見本をあわせて参照する。

第3章 道路附属物等のデザイン ┃17

3-1 防護柵

　連続的に設置されることで効果を発揮する防護柵は、道路附属物等のなかで最も設置される延長が長いため、防護柵がつくり出す表情は道路景観上きわめて重要である。
　また車両用防護柵は、車両の路外逸脱等を防止する施設であるため、転落等により大きな被害が想定される海岸や山岳、河川沿い等の景観が良好な区間に設置される場合が多いことから、安全性を担保しつつ道路から周辺への眺望を確保することも求められる。

3-1-1 防護柵設置の判断と対応

　防護柵の設置にあたっては、別途定められている「防護柵の設置基準／平成16年3月　国土交通省道路局」に基づくことが前提となるが、実際には、必ずしも必要性の高くない場所に防護柵が設置され、その存在によって道路景観を煩雑にしている例が少なくない。
　ここでは、（1）防護柵設置の必要性の判断のポイントを整理する。さらに、防護柵によらない対応として、（2）他施設による代替の方法、（3）防護柵を必要としない道路構造の検討について示す。

（1）防護柵設置の必要性の判断

《ポイント》
・防護柵が必ずしも必要ではない場所に設置され、その存在が道路景観を煩雑にしている例が少なくない。このように防護柵の本来的な役割が必要とされない場所には、防護柵を設置しないことが基本である。

　車両用防護柵については、「防護柵の設置基準・同解説／平成28年12月、日本道路協会」に主として車両の路外への逸脱による乗員の人的被害や第三者への人的被害（二次被害）の防止を目的として設置すべき区間が定められているため、参考とすることが基本である。例えば、盛土、崖、擁壁、橋梁、高架などの区間については、路外危険度が高い区間が示されており、設置の必要性を判断する際に参考となる。（下図参照）。

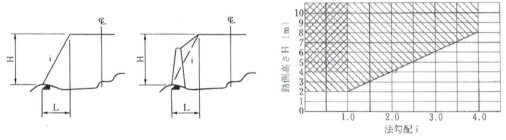

注）法勾配 i：自然のままの地山の法面の勾配、盛土部における法面の勾配および構造物との関連によって想定した法面の勾配を含み、垂直高さ1に対する水平長さLの割合をいう（i＝L／H）。
　　路側高さH：在来地盤から路面までの垂直高さをいう。

図3.1.1　路外危険度の高い区間
※出典：「防護柵の設置基準・同解説／平成28年12月、日本道路協会」

・既設防護柵の必要性の判断は、普段の道路管理のなかでどのような区間にどのような防護柵が設置されているかを確認したうえで行うことが基本である。

- 必要性がないと判断される区間に既に設置されている場合には、次回の更新時に撤去も含めて検討することを基本とする。

《具体的方法の例》
〇沿道特性に応じて判断する。
- 一般道路の市街地区間では、中央帯や歩車道境界に植樹帯と横断防止柵を併用している例が多くみられるが、植樹帯の高さ、密度、幅等が歩行者の横断を物理的に防止できる場合には、横断防止柵設置の必要性はない。(3-1-1（1）参照)
- 市街地・郊外部や自然・田園地域での一般道路では、単に車道と歩道の分離を目的として歩車道境界に設置された車両用防護柵は、縁石、ボラード等で代替可能であり、車両用防護柵の設置の必要性は低い。(3-1-1（2）参照)
- 自然・田園地域の盛土や崖等の道路区間で、法勾配が緩い、もしくは路側高さが低い（路側の地盤との高低差が小さい）場合には、車両の路外への逸脱による乗員の人的被害の防止を目的とする車両用防護柵の設置の必要性は低い。(3-1-1（3）参照)

■車道と歩道の分離を目的とする場合は、必ずしも横断防止柵である必要は無く、縁石やボラードでその機能を担保できる

■地被類で修景した歩車道分離の例

■植樹帯と横断防止柵とが併用されている例
この場合、横断防止柵設置の必要はない

■周辺地盤から路面までの比高が小さい場合には、車両の路外への逸脱による乗員の人的被害の防止を目的に設置される車両用防護柵を設置する必要性は低い

（2）景観に優れた他施設による代替

《ポイント》
- 防護柵の設置目的が必ずしも防護柵本来の機能を求めるものではない例、あるいは防護柵本来の機能が求められる場所であっても、景観に優れた他の施設で安全性を確保可能である例も多く見受けられる。防護柵を景観に優れた他の施設で代替することが適切な場合には、それらを用いることが基本である。
- また、既存の防護柵については、他施設で安全性を確保することが可能な場合には、更新時等に併せて、景観に優れた他の施設へ替えることが基本である。

《具体的方法の例》
- 主に市街地・郊外部においては、植栽やボラード等により安全性を確保できる場合がある。
- 歩車道境界や中央帯に設置される横断防止柵は、歩行者の横断を物理的に防止できることが可能な既存の植樹帯（低木刈込み等）があれば、植樹帯で代替可能である。なお、場所により育成に差が生じる場合があるので、必要に応じて補植することを含め、適切な維持管理が必要である。
- 中低木を植栽した植樹帯を新設する場合には、樹木が生育途中であるために横断防止機能を担保できない場合がある。その際には、樹木が育成するまでの数年間は間伐材などを利用した木製防護柵等を設置することも考えられる。ただし、横断防止機能を発揮できる大きさや密度に達した段階で、既存の横断防止柵は撤去を行うことが必要となる。
- 沿道出入口が多く、防護柵が細切れに設置される場合には、ボラードの設置が有効である。
- 歩行者の巻き込み防止を目的として交差点等に設置される防護柵は、縁石やボラード等により代替可能な場合もある。

■沿道出入りを確保するため細切れに設置されている車両用防護柵の例
必ずしも車両用防護柵である必要はなく、ボラード等による代替が可能である

■シンプルな形状のボラードを歩車道境界に設置している例
沿道出入口により防護柵が断続的になる場合はボラードも有効な選択肢の一つである

（3）道路の新設時、改築時における景観的配慮

《ポイント》
- 道路の新設時、改築時において道路構造を検討する際には、安全性や経済性の検討に加えて、景観的配慮を行うことが基本である。この段階における防護柵の景観的配慮には、防護柵の設置を必要としない道路構造を検討対象とすることが含まれる。

■防護柵がない方がすっきりとした印象となる

《具体的方法の例》
○法面の緩傾斜化を図る、路側高さを低くする。
- 道路の新設時、改築時における景観的配慮の例としては、道路の盛土区間における法面の緩傾斜化や、路側の地盤との高低差を小さくすること（道路の縦断線形の変更が可能な場合）等により、車両の路外への逸脱による乗員の人的被害の防止を目的とする車両用防護柵を必要としない道路構造とすること等が挙げられる。
- ただし、検討にあたっては、経済性や、車両が路外に逸脱した場合に当事者および法面下の第三者に人的被害を及ぼさない等の安全性について、留意する必要がある。

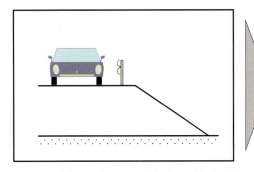 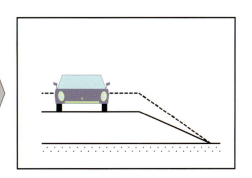

■道路の盛土区間等では、路側高さ（在来地盤から路面までの高さ）を極力抑え、法面の緩傾斜化を図ることにより、車両用防護柵を必要としない道路構造とすることが可能である

3-1-2 防護柵のデザイン方針

ここでは、設置する防護柵のデザイン方針として（1）シンプルな形状（付加的な装飾の抑制）、（2）透過性への配慮、（3）存在感の低減、（4）人との親和性に配慮したデザイン、材質について示す。

（1）シンプルな形状（付加的な装飾の抑制）

《ポイント》
・防護柵は、構造的・機能的に必要最低限の部材で構成されたシンプルな形状であることが基本である。
・地域イメージの直接的な表現（地域の特産物を表現したレリーフの設置や絵を描くこと）をはじめとする付加的な装飾は、防護柵における景観的配慮とは言えないとともに、防護柵が本来有する機能を損なうおそれがあるため、避けることが基本である。

以下に、防護柵における具体的な方法を示す。車両用防護柵については、下記の全てに配慮することが必要であり、歩行者自転車用柵については、下記の「支柱間隔を等間隔にする」「絵を描かない、レリーフ等を付けない」に特に配慮することが必要である。
なお、剛性防護柵（コンクリート製壁型防護柵）については、道路構造と一体となったシンプルな形状であるため、「（3）存在感の低減」における形状面の工夫の項目で記述した。

《具体的方法の例》
○道路方向に伸びるビーム等を滑らかに連続させる。
・防護柵は連続的に設置される施設であり、車両の円滑な誘導という機能的な観点から、また、走行車両からの眺めという景観的な観点からも、道路縦断方向に伸びるビーム等が滑らかに連続していることが望ましい。

■ビーム上面が連続して、すっきりとしている

■ビームの連続性が軽快な印象を与えている

○支柱間隔を等間隔にする。
・防護柵の支柱間隔がみだりに変わると、煩雑な印象となるため、構造的な要請から必要な場合を除いては、支柱間隔を等間隔とすることが基本である。

■防護柵の支柱間隔がみだりに変わると、煩雑な印象となる

○絵を描かない、レリーフ等を付けない。
・地域の特産物等を表現したレリーフの設置や、地域の行事の絵を描くことは、防護柵自体が周辺景観のなかで主張し過ぎ、景観的には決して好ましいことではない。また、設置にあたってのコストが割高になるうえ、防護柵の破損時において修繕も難しいことから、絵を描かないこと、レリーフ等を付けないことが基本である。
・地域からの要請により、市町村のマークや、地域のシンボル等を表現する必要がある場合には、防護柵が本来有する機能を阻害しないことに加え、周辺景観のなかで防護柵の存在が際立つような過度な装飾や色彩は控えることが基本である。特に、連続的に設置されるという防護柵の特性上、長い区間にわたりこれらのマークが景観構成要素として繰り返し出現し、眺められることになることから、設置にあたっては特段の注意が必要である。

■地域イメージを直接的に表現することは、景観に配慮するということとは別次元のことであり、景観的には決して好ましいことではない

■防護柵更新前の状況
※更新前の状況はCGによる再現

（2）透過性への配慮

《ポイント》
・主に自然景観や田園景観が広がっている地域において、周辺への眺望を確保する必要がある場合には、透過性の高い形式とすることが基本である。

《具体的方法の例》
○透過性の高い防護柵の形式とする。
・ガードパイプ、ガードケーブル等の透過性の高い形式とすることで、外部への眺望を確保することが可能である。
・特に、沿道景観の重要な要素に対し、車両の運転手や同乗者の視線を遮らない高さ（位置）に防護柵のビームが位置するように工夫することが望ましい。

■防護柵更新前の状況
　※更新前の状況はCGによる再現

■防護柵更新後の状況
　防護柵の透過性が高く、眺望に優れている

■透過性が高いガードケーブル

■透過性が高いガードパイプ

（3）存在感の低減

《ポイント》
- 主に橋梁部や中央帯に設置されるコンクリート製壁型防護柵は、表面が平滑なコンクリート壁面が連続するため、面としての存在感が強い。またコンクリートは輝度が高いため、道路外部からの眺めにおいて目立った存在となりやすい。このため、必要に応じて、コンクリート壁面の存在感を低減させる工夫を行うことが望ましい。

《具体的方法の例》
〇コンクリート壁の高さを抑える。
- 橋梁・高架の高欄として設置されるコンクリート製壁型防護柵については、上部に金属製のトップレールを付加した車両用防護柵を用いることにより、コンクリート壁の高さを抑え、防護柵としての存在感を低減することが可能である。

■コンクリート製壁型防護柵の上部に、金属製の
　トップレールを付加した複合型の形式の例

〇コンクリート壁面の輝度を低減させる。
- 橋梁・高架部において、その外部景観が重要な場合には、コンクリート壁面の輝度を下げること等の工夫（表面の洗い出し加工等）が可能である。

（4）人との親和性等に配慮したデザイン、材質

《ポイント》
- 歩道が設置される道路では、防護柵が歩行者の間近に存在すること、また歩行者が防護柵に直接触れることに対する配慮をバリアフリー等の観点から行うことが基本である。
- 温もりを感じさせたいような地域や、木造の歴史的構造物の周辺、木造の伝統建築物が集積している街並み、緑の多い地域などにおいては、木製の防護柵を用いることも考えられる。

《具体的方法の例》
　○防護柵の歩道側の面を歩行者にとって表側の面として感じさせる。
- 車両用防護柵の場合、歩道側に支柱、車道側にビームが設置されるため、歩行者側は防護柵の裏側の面として感じられる場合が多い。防護柵の歩道側面が歩行者にとって表側の面として感じられるための工夫としては、歩道側における手摺ともなるビームの設置、トップビームの位置や取り付け方の工夫等がある。
- 例）バリアフリーの観点から歩道側における手摺ともなるビームの設置。
　　トップビームの位置、取り付け方の工夫（車両用防護柵の場合）。
　　トップビームの位置の工夫（歩行者自転車用柵の場合）。

■歩道から見ると、裏面としての印象が強い

■手すりともなるビームを取り付けた例

■防護柵の上端に設置されたトップビームが支柱の頂部を覆っているため、歩道側から見たときに、裏側であることの印象が緩和されている

○ボルト・ナット等の突起を抑制する。
- 防護柵のボルト・ナット類の突起は、心理的な不快感を生じさせるとともに、安全上も好ましくないため、極力避けることが基本である。
- 具体的には、バリアフリーの観点からボルト、ナット類の突起がビームの上面や歩道側面に露出しないこと、数が少ないこと、丸みを帯びた形状であることが基本である。

 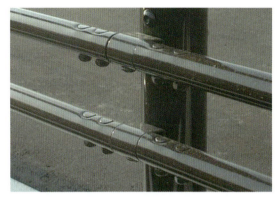

■ビームと支柱の接合部を工夫することにより、ビーム上端のボルトの突起を廃し、滑らかな形状とした例（左写真：ビーム内部のインナースリーブで部材を接合した例、右写真：皿ボルトを採用した例）
下端部のボルトも丸みを帯びた形状とし、やわらかな印象としている

○歩行者の衣服や鞄類が防護柵に引っかからない端部形状とする。
- 車両用防護柵の端部処理については、「防護柵の設置基準」においても車両衝突時に乗員に与える影響が大きいことから、路外方向へ曲げること等が示されている。
- 歩行者の利用が想定される歩車道境界に設置される防護柵の場合には、バリアフリーの観点から、端部用の曲線部材やビームの突出を抑える板等の利用によって歩行者の衣服や鞄類が引っかかりくい端部処理の工夫を行うことが基本である。

■歩行者の衣服や鞄類が引っかかりにくい防護柵の端部処理の例

○材質を工夫する。
- 歩行者自転車用柵（歩車道境界の横断防止柵、路側の転落防止柵）については、歩行者の手触り感を向上させるために、木材等の手触り感に優れる材質とすることも考えられる。ただし、木材は表面の平滑さを保持できるものを用いること、過度な大きさや重量感を与えるものとならないこと等の配慮が必要である。
- 木材は特有の温かみ感や人との親和性があり、これらを活かした木製防護柵を用いることによって温もりを感じさせる地域景観を形成することができる。歴史的な木造構造物の周辺、木造の伝統建築物が集積している地域また緑の多い公園等は、木材や樹木が景観の基調となるため、木製防護柵を用いることにより、これら地域と融和し、また人との親和性が高まる。その際、地域の間伐材を利用することも考えられる。

■既製品の柵を利用しながら木製の手すりを取り付けた例

3-1-3 防護柵の色彩選定

　良好な景観形成に配慮した防護柵の色彩は、地域の特性に応じた適切な色彩を選定することが基本である。その際、ある一定のエリアにおいて統一感を確保するためには、マスタープランを策定することが基本である（4-1 参照）。

　また、既に設置してある他の施設や防護柵を設置する橋梁等の構造物との関係で個別に色彩を選定する場合は、それらの色彩との調和を考慮し選定を行うことが必要となる。

　様々な形状等がみられる防護柵の色彩選定については、素材ごとに留意点を整理する。

《ポイント》
　・周辺景観のなかで防護柵が必要以上に目立たない色を選定することが原則である。

（1）鋼製防護柵について

　鋼製防護柵の色彩選定の考え方について、表3.1.1および表3.1.2に示す。

表3.1.1　鋼製防護柵で基本とする色彩選定の考え方

形 式／地域特性	塗装面が比較的小さい防護柵・ガードパイプ形式の車両用防護柵・パイプで構成された歩行者自転車用柵　等	塗装面が比較的大きい防護柵・ガードレール形式の車両用防護柵　等
共　通	地域の特性に応じた適切な色彩を選定することが基本であり、下表以外により適切な色彩があれば、その色彩を採用する。	
市街地・郊外部	・ダークグレー ・ダークブラウン ・グレーベージュ	・グレーベージュ
自然・田園地域　樹林地	・ダークグレー ・ダークブラウン	・グレーベージュ
自然・田園地域　開放的で比較的明るい色彩が基調な海岸部、田園地帯	・ダークブラウン ・グレーベージュ	・グレーベージュ
歴史的建造物の周辺や歴史的街並みが形成されている市街地	・ダークグレー ・ダークブラウン	ガードレールは× ※ガードパイプ形式（同左）を基本とする
〈注記〉　・周辺が比較的明るい色彩を基調としている地域等においては、オフグレーも候補色に加えて検討する。 ・塗装面が比較的大きいガードレール形式の車両用防護柵を自動車専用道路等に設置する場合には、「亜鉛めっき仕上げ」も含めて検討する。		

表3.1.2　鋼製防護柵において基本とする色彩のマンセル値

基本色名称	マンセル値
ダークグレー（濃灰色）	10YR3.0/0.2
ダークブラウン（こげ茶色）	10YR2.0/1.0
オフグレー（薄灰色）	5Y7.0/0.5
グレーベージュ（薄灰茶色）	10YR6.0/1.0

（2）アルミ製防護柵やステンレス製防護柵について

・アルミ製防護柵やステンレス製防護柵については、素材そのものの色彩を活かすことを基本とする。ただし、特に周辺景観との融和を図るために電解着色や焼き付け塗装等を行う場合で、かつ防護柵を設置する道路周辺の基調色が、一般的な我が国の街並みや自然の土や岩、樹木の幹等で基調となっているYR系を中心とした色彩の場合には、「（1）鋼製防護柵」において基本とした塗装色に近い色彩とすることを基本とする。なお、電解着色では再現できない色彩に関しては、塗装等で対応するものとする。

（3）コンクリート製防護柵について

・コンクリートは、経年変化によって色合いが変化し、徐々に景観に馴染んでくる素材である。このため、コンクリート製防護柵については、塗装は行わず、素材が本来有している色彩そのものを活かすことが基本である。

（4）木製防護柵について

・公共建築物等における木材の利用の促進に関する法律を踏まえ、木製防護柵を設置するケースがある。木製の車両用防護柵は、支柱が鋼製あるいはコンクリート製の場合が多い。支柱を鋼製とする場合は（1）鋼製防護柵と同様の考え方、コンクリート製の場合は素材の色彩（3-1-2（3）参照）とするのが基本である。
・塗装や防腐処理を行う際には、素材そのものの色彩や木目等が活かされるように配慮することが基本である。

《具体的方法の例》
・地域の特性に応じた適切な色彩を選定することが基本である。
・周辺の道路附属物等との色彩的な調和を図る必要がある。

3-1-4 視線誘導への配慮

《ポイント》
- 急カーブが連続するような箇所および濃霧等が発生しやすい道路区間においては、視線誘導を確保することが望まれる。視線誘導の方法は、車道外側線の明示、視線誘導標の設置などがある。また、これらの区間において防護柵の設置が必要となる場合には、防護柵について、地域特性に応じた景観への配慮を行い適切な形状、色彩を採用し、視線誘導については視線誘導標等、防護柵以外の手段により確保することを基本とする。
- 視覚障害者の誘導について配慮する必要がある場合は、関係者の意見を踏まえ、視覚障害者誘導用ブロックの設置等適切な措置を講じることを基本とする。

《具体的方法の例》
○車道外側線を高輝度区画線とする。
- 車道外側線の視認性を高めるためには、区画線にドットラインを設けたり、高屈折率ガラスビーズを散布するなどの工夫を施した高輝度区画線を用いることが考えられる。

○視線誘導標や反射シート等を設置する。
- 視線誘導を確保することが望まれる区間においては、防護柵への視線誘導標の設置（3-5-6参照）、反射シートの支柱への巻き付け等を行う。
- 歴史的建造物の周辺や、歴史的街並みが形成されている地域、沿道に良好な風景が広がっている地域等では、視線誘導標の設置により周囲の景観を阻害するような場合がある。このような場合には、反射シートの支柱への巻き付けにより、視線誘導機能を確保することが望ましい。
- 視線誘導標の設置や反射シートの支柱への巻き付け等を行う場合にあっても、景観を阻害しないよう配慮する必要がある。具体的には、視線誘導標や反射シートは、なるべく光の反射率の高いものを用いることで、その大きさ、色、設置位置等を工夫し、昼間においては目立ちにくくすることが望ましい。なお、視線誘導標については、別途「視線誘導標設置基準／昭和59年4月、国土交通省都市局、道路局」が定められている。

○視覚障害者誘導用ブロックを設置する。
- 視覚障害者誘導用ブロックを設置する場合は、「増補版　道路の移動等円滑化整備ガイドライン／平成23年8月、国土技術研究センター」を参考にするとよい。また、視覚障害者誘導用ブロックの色彩については、3-5-9舗装・路面への表示を参照されたい。

■防護柵の支柱に反射シートを巻き付けることにより、視線誘導を確保している例

3-2 照明

3-2-1 車道照明柱のデザイン方針

「道路照明施設設置基準・同解説／平成19年10月、日本道路協会」では、「連続照明の照明方式は原則としてポール照明方式とする。」としており、土工部や橋梁部ではこれを基本とする。

ただし、トンネルや函渠では構造物取付照明方式、路外への漏れ光に配慮が必要な橋梁部では高欄照明方式、および広範囲への照射が必要な道路休憩施設や駅前広場等ではハイマスト照明方式が考えられるため、道路構造や交通状況等により適切な方式の選択が望まれる。

以下に、一般的なポール照明方式のデザイン方針について記載する。

(1) 配置

《ポイント》
- 機能の異なる道路附属物等が無秩序に配置されると道路としての一体感が損なわれるため、配置検討は、植栽や標識、歩道橋等のその他の道路附属物等の配置計画と同時に行うことを基本とする。

  これは、一般に照明の基準値を満足させるには2Dの平面図での検証で十分であるものの、照明とその他の道路附属物等が近接した場合には不適切な影が路面に落ち、実際には基準値を満たさない等、交通安全に支障をきたすおそれがあるためでもある。

《具体的方法の例》
- とりわけ様々な道路附属物等が設置される交差点部を含めて、道路標識等と極力一体化し、煩雑になりがちな道路景観における構成要素を最小限にすることが望ましい。

  ただし、共架する道路附属物等と灯具の離隔が小さい場合は、路面の明るさが損なわれる場合や標識の視認性が低下する場合があり、追加添架する場合には特に留意が必要である。

■信号機と照明を一体化した例
交差点内の道路附属物等が集約され、すっきりとした印象を与える

■灯具と道路附属物等が近接した例
共架する道路附属物等と灯具の離隔が小さい場合は、不適切な影が路面に落ちる
標識の視認性が低下する可能性がある

（2）照明柱・灯具形状

①照明柱

《ポイント》

- ・道路照明は道路空間の脇役であることを踏まえ、昼間景観における存在感に配慮して、柱と灯具のバランスがとれ、かつ、極力シンプルなデザインを基本とする。
- ・灯具まで出幅がある「アーム付きポール」と出幅のない「直線ポール」に大別されるが、LED照明の性能向上により、車線数が多い場合でも「直線ポール」にて基準値を確保できるようになっている。ポールの設置位置や街路樹の影響等から「アーム付きポール」が効率的な場合もあるため、道路構造に応じて適切なポールを選択することを基本とする。

《具体的方法の例》

- ・新設の場合は、目標とする基準値を確保するため、灯具の光源や光束、灯具取付け高さ、配置とともに、周辺景観に馴染むポール形状を選択することが基本である。ただし、道路景観整備等に関する検討としてオリジナル形状を検討する場合は、この限りではない。
- ・更新の場合、山間部等にある局部照明では単体で見られることを意識して、当面の間は極力既存ストックを活用することとする。また、連続照明の場合は、形状の異なるポールが1本でも混入すると景観的な連続性を欠くため、形状を統一させることを基本とする。

②灯具

《ポイント》

- ・発光部が大きく光源が直接見えるものは、事前にグレアの影響がないか確認を行う必要があるほか、無駄な光が上方に拡散し効率よく路面を照らさない等の形状の特長を理解して灯具を選定する必要がある。
- ・照明からの光が、周辺住宅内の生活者、周辺の樹木、農作物、生物の生育・生存に有害な影響を及ぼしたり、天文観測に支障を生じたりしないように、配置や器具配光に配慮する必要がある。例えば、住宅地域などでは発光面の輝きが光害といった居住者の睡眠や活動の妨げの要因ともなり得る。この様な場合には、悪影響が生じると考えられる方向への照明器具の輝度あるいは光度を規制するのが望ましい。

《具体的方法の例》

- ・上方に無駄な光を拡散させない、路面を効率よく照らすカットオフ型等の下方光束を基本として、極力グレアを感じない灯具を採用することを基本とする。ただし、道路景観整備等に関する検討としてオリジナル形状を検討する場合は、この限りではない。
- ・生態系等への配慮では適宜ルーバー等の装着、農作地等の近傍にて誘虫性への配慮では光源選定や波長制御等の検討が必要である。
- ・LED照明の場合は、ランプ交換ができず灯具毎の交換となるものが多いため、寿命到達時の交換方法に配慮して設計する必要がある。
- ・道路植栽が存在する場合は、明るさのバランスを確保するため、灯具取付け高さを下げることも考えられる。

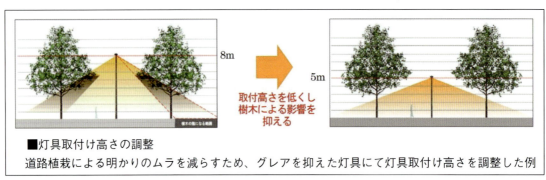

■灯具取付け高さの調整
道路植栽による明かりのムラを減らすため、グレアを抑えた灯具にて灯具取付け高さを調整した例

※国道1号大磯松並木区間への低位置照明導入と有効性検証（横浜国道事務所）より抜粋

(参考) 用語説明
グレア：視野の不適切な輝度分布または極端な輝度対比によって生じる感覚であり、不快感および見る能力の低下を伴う。グレアには、その生じ方によって直接グレア、反射グレアがある。これらのグレアは、視認性の低下や事故などの原因となるので、抑制するのが望ましい。
　なお、道路照明では、不快グレアと視機能低下グレアのうち、グレアによる視機能低下が視認性に影響しない程度に抑制されていれば不快感を生じることがないとして、視機能低下グレア（TI値）が規定の対象となっている。これは、生理的な視機能を低下させるものであり、視野内にまぶしいものがあると眼の中で光の散乱が生じ、これが視覚情報のノイズとなって見え方を妨げるものである。

3-2-2 歩道照明柱のデザイン方針

　車道照明によって歩道の基準値を確保することを基本とするが、歩道幅員が広い場合等の車道照明だけでは基準値の確保が難しい場合に、設置するものである。
　ポール照明方式のほかに、連続照明とする場合には、防護柵のトップレール内蔵のライン照明や支柱内蔵、車止めなどによる低位置照明がある。沿道の外部条件や漏れ光への配慮、地域の用途（居住系、商業系等）から目指すべき光環境に応じて、適切に選択すること。
　以下に、一般的なポール照明方式のデザイン方針について記載する。

（1）配置

《ポイント》
・道路空間に対する施設の乱立を避けるため、車道照明と整合性のある配置を基本とする。

《具体的方法の例》
・連続照明は、車道照明の配置を意識しながら配置ピッチを検討する等、整然と配置する。また、林立を避けるため、車道照明への共架を検討する。

・信号機等と極力一体化を図ることが望ましいが、車道照明より共架する道路附属物等と灯具の離隔が小さいため、路面の明るさが損なわれないような配慮が一層必要である。
・既に車道照明が設置済みの路線にて、商店街の装飾灯等の占用の街路灯を追加整備する場合は、車道照明の更新予定を踏まえて、配置を検討する必要がある。
・道路の区域外にある照明を、その所有者等と道路管理者との協定により街灯として共同管理する制度（道路外利便施設協定制度）の活用も可能である。

（2）照明柱・灯具形状

①照明柱
《ポイント》
・車道照明と同様に、道路空間の脇役であることを踏まえ、柱と灯具のバランスがとれ、かつ、極力シンプルなデザインを基本とする。

《具体的方法の例》
・車道照明と同様に、目標とする基準値を確保するため、灯具の光源や光束、灯具取付け高さや配置とともに、周辺景観に馴染むポール形状を選択することが基本であるが、道路景観整備等に関する検討としてオリジナル形状を検討する場合は、この限りではない。

②灯具
《ポイント》
・車道照明と同様に、周辺の生態系や誘虫性への配慮等の沿道への影響に十分に配慮し、漏れ光や上方に無駄な光を拡散させない、灯具を選定することを基本とする。車道照明に比べて民地側に設置されるため、特に留意が必要である。

《具体的方法の例》
　〇カットオフ形
・グレアレス性能に優れ、効率の良い反射板によって配光制御された光は光源の出力を最大限に活かしながら目に優しい快適な屋外環境を創り出すことのできる灯具形式である。
・効率（路面照度および均斉度の確保）はセミカットオフ形よりやや劣るため、グレアと照度確保のバランスを現場周辺の状況（交通状況、地域特性）などを考慮しながら選定していくことが望ましい。

　〇セミカットオフ形
・比較的グレアレス性能に優れ、効率の良い反射板によって配光制御された光は光源の出力を最大限に活かしながら目に優しい快適な屋外環境を創り出すことのできる灯具形式である。
・灯具によっては採用できる光源W数に幅があり、大形サイズの光源を選択するとグレアが増すことがある。現場周辺の状況（交通状況、地域特性）などを考慮しながら選定していくことが望ましい。

○発光形
- 繁華街や公園など多くの歩行者用屋外照明灯として採用されている灯具形式である。
- 灯具本体が発光することにより、見た目の明るさ感や動線上の誘導効果も合わせ持っている。配光は全方向に光を照射できる傾向がある。ただし、周辺の照度との関係によっては非常に眩しく感じる場合もある。暗い場所や住宅地付近での設置を検討する際は、高さや光源W数の選択を慎重に行うことが望ましい。

○反射形
- 意匠的な灯具形式だが、基本的に光源が直接目に触れない位置に設置される灯具のため、グレアが抑制された灯具形式である。
- 照射される配光も間接照明の柔らかな拡散光となるので、比較的に広範囲にわたり均斉度よく光を照射できる配光をもつ傾向にある。

■カットオフ形　　■セミカットオフ形　　■発光形　　■反射形

○その他
- 道路照明と同様に、LED照明の場合は、ランプ交換ができず灯具毎の交換となるものが多いため、寿命到達時の交換方法に配慮して設計する必要がある。
- 低位置照明（高欄内蔵、内照式ボラード等）や灯具一体型等の新しい形状も含めて、周辺環境に相応しい形状を検討すること。
- 低位置照明は、ポール照明に比べて維持管理における高所作業を伴わないことや、隣接地への漏れ光を抑えたい場合に有利であることから、検討対象に加えることが望ましい。
- 道路景観整備等に関する検討として防護柵内蔵や低位置照明を採用する場合は、隣接する車道のドライバーに対するグレアに留意する必要がある。

■高欄の縦桟内蔵照明
ポール照明の管理の手間を軽減するとともに、新しい灯りの姿を実現する

■灯具一体型のポール照明
ポールと灯具の組み合わせの従来型の照明柱とは、異なる新しい形状の照明柱

3-2-3 照明柱の色彩選定

《ポイント》
・照明柱は、防護柵や標識柱等の道路附属物等と一体で道路景観として認識されることに配慮し、基本的に防護柵との色彩の調和を図る。
・防護柵の色彩と同様（3-1-3 参照）に、地域の特性に応じた色彩を個々に選定することが基本である。

照明柱の色彩選定の考え方について、表3.2.1および表3.2.2に示す。

表3.2.1　照明柱で基本とする色彩選定の考え方

地域特性		照明柱
共　通		地域の特性に応じた適切な色彩を選定することが基本であり、下表以外により適切な色彩があれば、その色彩を採用する。
市街地・郊外部		・ダークグレー ・ダークブラウン ・グレーベージュ
自然・田園地域	樹林地	・ダークグレー ・ダークブラウン
	開放的で比較的明るい色彩が基調な海岸部、田園地帯	・ダークブラウン ・グレーベージュ
歴史的建造物の周辺や歴史的街並みが形成されている市街地		・ダークグレー ・ダークブラウン
〈注記〉・周辺が比較的明るい色彩を基調としている地域等においては、オフグレーを候補色に加えて検討する。 ・支柱径が比較的大きい（Φ300mm 以上）柱、もしくは自動車専用道路等は、「亜鉛めっき仕上げ」も含めて検討する。		

表3.2.2　照明柱において基本とする色彩のマンセル値

基本色名称	マンセル値
ダークグレー（濃灰色）	10YR3.0/0.2
ダークブラウン（こげ茶色）	10YR2.0/1.0
オフグレー（薄灰色）	5Y7.0/0.5
グレーベージュ（薄灰茶色）	10YR6.0/1.0

第 3 章　道路附属物等のデザイン

《具体的方法の例》
- 灯具やポールのほか、分電盤等の関連施設は同系色での塗装とし、塗り分けは行わない。
- 道路景観整備等に関する検討を行う場合の塗装色は、表3.2.1に限らず選定できるが、この際でも路線や地区の統一感への配慮や、素材の特性を活かすとともに、美観維持の観点から破損時の部分補修も踏まえて塗装色を選定することが望ましい。

    また、表3.2.1の推奨色以外を選定する場合は、歩道舗装（アスファルト舗装の場合を除く）より明度の低い色彩を基本とするが、形状が線的であることからシルエットとなりやすいため、明度が低すぎる場合は硬く冷たい印象となりやすいことに留意する必要がある。
- 新設のみならず維持管理の塗り替えにおいても、表3.2.1に基いて塗装色を選定する。また、塗装は一般的なアクリル樹脂塗装の場合、期待耐用年数は10年程度であるため、美観維持の観点からも適切な時期に塗り直しを行う必要がある。

    なお、塗り替え時には柱全体で同じ色彩になるように調整が必要である。
- グレーベージュ等の明度が高い塗装色は、反射率が高く、夜間景観において照明柱の存在を強調する可能性があるため、検討が必要である。

    このため、基本的には防護柵などの道路附属物等との整合を図るが、照明と防護柵とは高さが異なることから、前表に挙げた色彩であれば必ずしも同色である必要はない。

■暗色は夜間景観でも照明柱が主張されることはない

■明色は反射率が高く照明柱の存在が際立つ
（列柱として主張させる場合はこの限りでない）

3-2-4 夜間景観（照明）の方針

　人々の欲求の変化、都市開発の推進・充実に伴い、道路照明には交通安全や防犯等の基本的な機能に加えて、光害防止や省エネ等環境への配慮、夜景演出等快適かつ魅力的な環境づくりへの貢献が求められている。

　交通安全等に関係する照度や路面輝度等の明るさに対する基準はJISの照明基準等で定められているが、沿道景観に配慮した望ましい色温度や演色性に対する公的な基準は無く、先進的な地方公共団体が照明学会等の成果を踏まえて定めているのが現状である。表3.2.3は、照明に求められる目的に対する基準の一覧である。

表3.2.3　夜間照明の目的と手法および基準一覧

目的	手法・配慮事項	基準類
交通安全 犯罪防止	・路面の明るさ、明るさの均一性（路面輝度および均斉度、照度等） ・視機能低下グレアの抑制 ・視線誘導（灯具の取付高さ、配列、間隔等）	・日本工業規格（JIS） ・道路照明施設設置基準・同解説（日本道路協会） ・歩行者の安全・安心のための屋外照明基準（照明学会） ・LED道路・トンネル照明導入ガイドライン案（国土交通省） ・防犯灯の照度基準（日本防犯設備協会）
光害防止 省エネ	・上方拡散や漏れ光の防止（夜空） ・不快な眩しさの抑制（安眠等） ・生態系への配慮、省エネ対策	・光害対策ガイドライン（環境省） ・地域照明環境計画策定マニュアル（環境省）
景観照明 夜景演出	・街の個性を表現する光色（色温度） ・色の見え方（演色性）	・CIE Publication No. 94　Guide for Flood-lighting（国際照明委員会） ・各地方公共団体の夜間景観ガイドライン類

《ポイント》

・「道路照明施設設置基準／平成19年9月、国土交通省都市・地域整備局、道路局」等の基準に従い、照明を設置する場所・対象・目的に応じて、省エネルギーで適正な「明るさ」を計画することが基本である。

・道路照明は都市の夜間景観において都市軸を示す役割を持っているほか、光色は都市のイメージを創出しやすい。このため、明るさの確保に加えて、外部条件や沿道状況の現地確認を踏まえて対象路線以外も含めた路線や地域のマスタープランを作成し、光色の設定や相対評価となる明るさのバランスに配慮した計画を行うことが望ましい。

　特に光色については、照明施設による光色と周辺の光色が著しく異なる場合は色順応により違和感を持つことがある。これらを避けるためには、現地確認を踏まえて視野内における光色をできるだけ一様にすることが望ましい。

・更新においては、現状の光環境の調査を踏まえて、突出した印象とならない光色を選定することが求められる。

《具体的方法の例》
- 色温度および演色性は、外部条件や目的に応じて太陽光に近い色や、暖かさを感じる色を選択できることとするが、その範囲は概ね以下を目標とすると良い。
  相関色温度：2,500～5,000K[※1]、演色性：Ra60以上[※2]
  ※1　周辺光環境との調和から必要に応じて、5,000～6,500Kを選択できる。
  ※2　農作地やビニールハウス等の近傍において、誘虫性ができるだけ低い光源を選定する必要がある場合は、この限りでない。
- 従来は、採用する光源により色温度が決まっていたことに対して、LEDでは殆どの光色をカバーでき、従来の道路照明用光源よりも演色性が高く、調色・調光機能を持つ器具も存在するため、積極的に検討する。また、波長制御や色温度変換フィルター等の装着により、技術的には誘虫性も下げることが可能である。
- 色による沈静効果や見通しが良いとされることから防犯効果が期待されるとして導入が始まった青色防犯灯については、照明学会において検証では効果が認められず、犯罪防止対策として設置が進められている防犯カメラ画像の鮮明さや色の再現性に影響するため、道路照明では採用しないことが望ましい。（「JIES-010歩行者の安全・安心のための屋外照明基準／平成26年、一般社団法人　照明学会」　参照）

（参考）用語説明
色温度：光源の色を表わす（単位：K）。ロウソクの炎は約2,000K、電球色の蛍光灯は約2,800K、白色の蛍光灯は約4,200K程度となる。

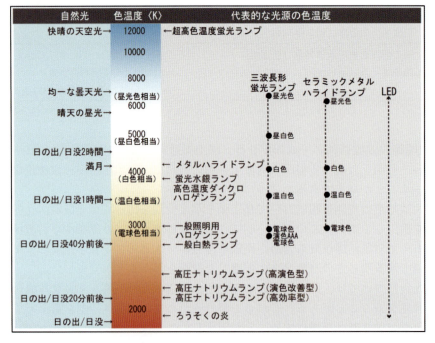

演色：物体の色は自然（太陽）光の下での色が基本となり、演色性とは自然（太陽）光として物を見た時に、色の見え方を表現するもの。演色性の評価は、平均演色評価数（Ra）で表現される。（JIS Z 8726）

3-3 標識柱

3-3-1 標識柱のデザイン方針

標識柱のデザインは、その存在感を極力低減することとし、最小限の設置、形態の洗練を検討することを基本とする。

《ポイント》

○存在感を極力低減する。
・標識柱は、道路情報板、道路標識などを支える構造物であり、道路情報板、道路標識などの視認性を阻害するものであってはならないため、その存在感を極力低減する必要がある。道路景観においても、視野阻害を軽減させるために、最小限の設置、形態の洗練を検討する。

○照明灯との一体化の検討等を行い、最小限の設置とする。
・標識柱は、路面照度の均一性に十分に留意したうえで、照明灯等との一体化について検討する。また、歩道橋、跨道橋などの道路上を交差する構造物への添架についても検討する。その際、標識板は、できるだけ歩道橋等のシルエット内に納めるとともに、複数の標識板を設置する場合には高さを揃えて設置することが望ましい。また、異なる事業者間でも共架が可能となるよう、積極的に調整を図る必要がある。

○標識等の集約化を図る。
・標識の設置に際しては、同様の情報が複数にわたって配置されることのないよう、集約化を図ることが望ましい。

《具体的方法の例》

○道路景観の阻害を軽減させるため、形態を洗練する。
・例えば、大規模な門型標識柱などで、支柱、梁部材が太くなる場合には、構造上必要となる断面寸法を道路縦断方向で確保することにより、支柱の道路横断方向の幅を極力狭め、道路の有効幅員に対する影響を最小限にとどめるとともに、梁部材についても高さを低くおさえ、道路景観の阻害を軽減させることとする。

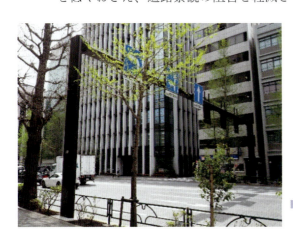

■門型標識柱の支柱断面を、道路縦断方向で確保することにより、道路進行方向の景観阻害を軽減できている

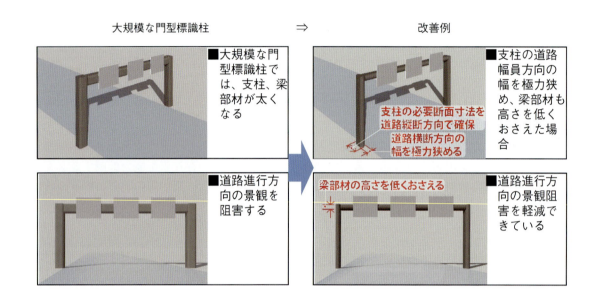

3-3-2 標識柱の色彩選定

標識柱の色彩は、道路情報板、道路標識などの視認性を阻害しないことが重要である。また、「道路標識設置基準・同解説／昭和62年1月、日本道路協会」では、標識柱の色彩について下記の通り記載されている。

> 支柱の色彩は、原則として白色又は灰色とする。ただし、案内標識を設置する場合で、周辺環境との調和を図るために、これら以外の色彩を用いる必要がある時は、明度、彩度の低い色彩（例えば茶色系等）を使用することが望ましい。

※出典：「道路標識設置基準・同解説／昭和62年1月、日本道路協会」

したがって、標識柱の色彩について、景観に配慮する必要がある場合には、道路景観を構成する色彩のなかで調和、埋没する範囲の色彩を選定することが望ましい。

《ポイント》
- 規制標識、警戒標識、道路の通称名、著名地点等の小型の標識柱の場合は、防護柵との色彩の調和を図ることを基本とする。
- 門型、F型、T型など、支柱の直径がΦ300mm以上となる大型の標識柱の場合は、塗装面積が大きく、重たい印象を与えるため、亜鉛めっき仕上げを基本とする。ただし、形状の工夫等で支柱の道路横断方向の幅を極力狭めるなどの対応を行っている場合はその限りではない。
- 道路景観整備等に関する検討を行う場合の塗装色は、上記に限らず選定できる。ただし、

この際にも路線や地区の統一感への配慮や、素材の特性を活かすこととする。

　標識柱の色彩選定の考え方について、表3.3.1および表3.3.2に示す。

表3.3.1　標識柱で基本とする色彩選定の考え方

地域特性 ＼ 形式	塗装面が比較的小さい標識柱 （規制標識、警戒標識、道路の通称名、著名地点等）	塗装面が比較的大きい標識柱 （門型、F型、T型等、支柱直径 Φ300mm以上等）
共　通	地域の特性に応じた適切な色彩を選定することが基本であり、下表以外により適切な色彩があれば、その色彩を採用する。	
市街地・郊外部	・ダークグレー ・ダークブラウン ・グレーベージュ	・亜鉛めっき仕上げ ・ダークグレー ・ダークブラウン
自然・田園地域　樹林地	・ダークグレー ・ダークブラウン	・亜鉛めっき仕上げ
自然・田園地域　開放的で比較的明るい色彩が基調な海岸部、田園地帯	・ダークブラウン ・グレーベージュ	・亜鉛めっき仕上げ
歴史的建造物の周辺や歴史的街並みが形成されている市街地	・ダークグレー ・ダークブラウン	・亜鉛めっき仕上げ ・ダークグレー ・ダークブラウン
〈注記〉　・周辺が比較的明るい色彩を基調としている地域等においては、オフグレーも候補色に加えて検討する。		

表3.3.2　標識柱において基本とする色彩のマンセル値

基本色名称	マンセル値
ダークグレー（濃灰色）	10YR3.0/0.2
ダークブラウン（こげ茶色）	10YR2.0/1.0
オフグレー（薄灰色）	5Y7.0/0.5
グレーベージュ（薄灰茶色）	10YR6.0/1.0

《具体的方法の例》

　○標識柱と道路標識裏面の色彩選定に留意する。

　　・路線や地区の統一感への配慮等のために、大型の標識柱にダークブラウンやダークグレーなどの低明度の色彩を用いる場合には、道路標識裏面を同色で塗装すると重たい印象を与える場合もあるため、注意する必要がある。

第3章　道路附属物等のデザイン｜43

3-4 歩道橋

3-4-1 歩道橋のデザイン方針

　昭和40年代の高度成長期に、通学児童を交通事故から守る地域ニーズに応え、早く安く大量に整備を可能とする標準設計の手法で、画一的な歩道橋が全国各地に整備された。これらは高齢社会の現状においても、自分のペースで平面交差点を渡り切れないなど、安全上の理由から需要はある。しかし、その多くは耐用年数に程近い50年を迎え、架け替えを余儀なくされるものもあるが、点検・補修により引き続き利用される橋も少なくない。一方で、歩道橋の必要性を改めて検討し、集約・撤去を含めた判断を行うことも求められている。
　ここでは、歩道橋の維持管理時の注意事項と、駅前や都市の人工地盤を構成するデッキなどを含む新設歩道橋に対する景観デザイン上の配慮事項を整理する。なお、新設歩道橋は基本的に、個別に景観検討を行うことが望ましい。

《ポイント》
・歩道橋の維持管理時の着目点は、塗り替えの範囲、色彩選定である。
・新設歩道橋は、①跨ぐ道路からの景観配慮、②歩道橋利用者の利便性・快適性の両面に配慮する。
・歩道橋が跨ぐ道路から見たデザイン上の要請は、道路走行の視界を極力妨げない、構造物本体のスレンダーさと附属・添架物による煩雑さの軽減である。
・利用者の利便性は昇降施設の配置・形態が影響し、快適性は歩行空間のしつらえが対象となる。

《具体的方法の例》
　○新設歩道橋のスレンダーさと附属・添架物による煩雑さを回避する。
　　・歩道橋の視点は、その下を通過する道路利用者であるため、その存在は極力控えめで、違和感のないものとしたい。そのためには、桁下構造が煩雑でない箱桁形式を基本とし、排水管や電気施設などの附属・添架物は内部に配置する。桁を内側に傾け橋脚をスリム化したり照明の内蔵やバス停の屋根を兼ねるなど、必要施設は統合する工夫が望まれる。
　　・信号や標識などの添架物は、その取付金具が煩雑に見えない工夫・協議を行う。

■シンプルな外観の歩道橋

■バス停の上屋を兼ねた歩行デッキ

○新設歩道橋の利便性を確保する。
　・歩道橋の利便性向上は、昇降のし易さに帰着する。一般に歩道幅員を狭めて設置される階段は、歩道利用者、歩道橋利用者双方にとって快適な存在とすることは難しいことを念頭に、隣接建築物との連携配置や、二段手すりの設置や歩行面の滑りにくい素材選定などに配慮した細部デザインが望まれる。

■隣接建築物内に設置した昇降階段　　　　　　■利用者に配慮したディテールの採用

○新設歩道橋の快適性を確保する。
　・利用者の多い駅前や都市の人工地盤を構成するデッキや、支間の大きな歩道橋では、屋根や防風壁を本体デザインに取り込んだり、下路トラス形式の採用が考えられる。風雨対策や風の強い立地など、架橋地の特性に配慮した形式選定が考えられるが、このような特別な景観配慮時においても、歩道橋下の道路利用者に配慮して、ことさらに目立つデザインは避けるべきである。

■屋根や防風壁を一体的にデザインされた歩道橋　　■透過性の高いトラス橋の歩道橋

第3章 道路附属物等のデザイン

3-4-2 歩道橋の色彩選定

　歩道橋は単体として見られ、視対象となりやすい構造物であり、地域住民等との協議や現場での検証等を行い、下記事項に留意し適正な色彩を選定することが基本である。一般的には、周辺景観や道路の構成要素に配慮し、10YR系の中明度低彩度の色彩を使用すると無理なく調和する。なお、新設歩道橋でデザインを周辺に配慮して個別検討する場合は、この限りではない。

《ポイント》
- 市街地での道路景観の主役は、道行く人々や車両、周辺建築物や店舗のショーウィンドウ、四季折々に変化する街路樹であるため、歩道橋は控えめに、鮮やかすぎる色彩は避け、"低彩度の落ち着いた色彩"を選定することを原則とする。
- 道路附属物等に使用する色彩はある程度絞り込み、統一感を演出することが好ましいものの、すべての道路附属物等を同一色で揃えることは問題である。例えば、歩道橋のような大きなものに、細いポール類に使用されるダークブラウンを使用すると、重く威圧感が強調される。そこで歩道橋の色彩は、周辺建築物や周辺道路附属物等の色相に揃えた上で、その存在感を抑える"10YRの中明度色彩"を参考に検討する（下図　○歩道橋の色彩選定（10YR系）参照）。

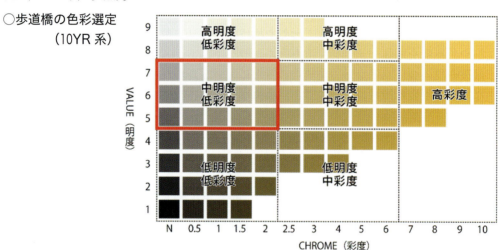

○歩道橋の色彩選定（10YR系）

- 塗装塗り替えの予算確保等の課題から、必要最小範囲の塗り替えや補修タッチアップにより、桁側面が継ぎはぎの印象や色むらが出てみすぼらしく見える事例がある。耐久性向上の観点からも、少なくとも"同一面は全体を同時期に塗り替える"ことを原則とする。

- 高欄部(窓枠部含む)が鋼製の場合、これを桁部と同色に塗装することが一般的であるが、色彩によっては歩道橋全体の存在感が増し、圧迫感に繋がることもある。その場合、高欄部にアルミやステンレスなど錆び難い材料を素材色のまま使用するか、桁の色彩よりも明度のみ2.0以上明るく塗り分けると軽快な印象となる。

■桁と高欄部を塗り分けたシンプルな歩道橋

《具体的方法の例》
○10YR の内、前図赤枠の中明度低彩度から選定する。
- 道路附属物等には質の高い統一感が求められる。色彩は、基本的に単色で善し悪しはないが、関係によって美醜がある。道路附属物等は同時に見られる空間に設置されるため、道路附属物等の形態やボリュームによって明るさや鮮やかさに適度な変化を認めつつも調和を保つことができる"色相調和型の配色"とすることが望ましい。
- 建築物の外装はさまざまな色彩が使用され、また建築物に取り付く屋外広告物の色彩は、一般的に最高彩度の原色が使われることが多い。しかし、建築物の基調色は、概ね YR 系や Y 系の低彩度の領域に収まっている。建築外装色の中心的な色相は10YR あたりであるため、これらとの調和に配慮し、歩道橋を含む道路附属物等には"10YR からあまり離れない色相を使用"することを基本とする。

3-4-3 歩道橋の記名表示

　歩道橋の側面に記載される橋名などの記名表示は、その見られ方が道路標識とほぼ同じであるため、基本的な考えは道路標識の法令や基準に従う。記名表示は、景観性に加え運転者の視認性に優れていることが大切であり、留意すべき点は文字の大きさだけではなく、字体（フォント）や文字間隔にも調整が必要である。

　また、民間資金を活用した維持管理の手法として、ネーミングライツパートナー事業が行われている。ドライバーの運転を妨げかねない目立ちすぎるロゴや多すぎる文字数などは、景観面からも検討を加え、調整することが望ましい。

《ポイント》
- ・和文書体には、明朝系とゴシック系の2系統がある。明朝系は繊細な表情が特長であるが、一般的に縦線に比べて横線が細いため、遠方から読みづらくなる。ゴシック系は文字の線幅がほぼ一定で、漢字・カナとも字枠いっぱいに設計されており、可読性に優れ文字詰め等の微調整もほとんどなく、公共の標識看板に用いる標準書体とされており、歩道橋の記名表記では「ゴナB正体」を基本とする。
- ・欧文書体には、セリフ（飾り）のあるなしの2系統がある。和文と併せて使用する場合、明朝系はセリフあり、ゴシック系はセリフ無しが基本となる。「ゴナ体」と組み合わせる欧文は、セリフの無い「ヘルベチカ」を基本とする。
- ・大きさは、文字高300mmを基本とするが、桁高などとのバランスを考慮し決定する。
- ・色彩は、桁に「10YRの中明度低彩度」を推奨していることから、文字が見やすい黒色を基本とする。

　次に、各ポイントに対して具体的な比較根拠などを示す。

《具体的方法の例》
- ○書体の比較根拠
  - ・読みやすさの観点から、右記赤枠を基本とする。
  - ・右記赤枠の内、最太字を基本とする。

■和文書体

○石井明朝体
東京都千代田区霞が関
東京都千代田区霞が関
東京都千代田区霞が関

○石井ゴシック体
東京都千代田区霞が関
東京都千代田区霞が関
東京都千代田区霞が関

○ゴナ体
東京都千代田区霞が関
東京都千代田区霞が関
東京都千代田区霞が関

○ナール体
東京都千代田区霞が関
東京都千代田区霞が関
東京都千代田区霞が関

■欧文書体

○センチュリー
ABCDEFGHIJKLMN
abcdefghijklmnopqrst
ABCDEFGHIJKLMN
abcdefghijklmnopqr
ABCDEFGHIJLMN
abcdefghijklmnopqr

○ヘルベチカ
ABCDEFGHIJKLMN
abcdefghijklmnopqr
ABCDEFGHIJKLMN
abcdefghijklmnopqr
ABCDEFGHIJKLMN
abcdefghijklmnopqr

○ユニバース
ABCDEFGHIJKLMN
abcdefghijklmnopqr
ABCDEFGHIJKLMN
abcdefghijklmnopqr
ABCDEFGHIJKLMN
abcdefghijklmnopqr

○文字の大きさと配置
- ・歩道橋に表示する文字の大きさは、文字高300mm を基本とするが、桁高とのバランスを考慮して設定する。桁高1,100mm 以上の場合は文字高350mm を上限に拡大する。英文は和文の2/3 の大きさとすることが望ましい。
- ・和文に対して英文が横長になりバランスが悪い場合は、英文「ヘルベチカ」のコンデンスド（縮約）文字を用いて調整する。
- ・文字の配置については、ドライバーからの視線を考慮し歩道橋桁側面の左側配置（歩車道境界から1〜2m)を基本とするが、歩道利用者への情報提供の意味もあることから、全体のバランス等（連結部や添架される標識等）も総合的に勘案して適宜設置する。縦位置については、桁高中央を原則とするが、全体のバランスを考慮する。
- ・地点名称については、歩道橋前後に交差点や信号が設置され銘板が設置されている場合は、名称の整合や表示の必要性について、別途協議検討する。

《具体的方法の例》
　○書体の配置事例
　　　　　■英文：ヘルベチカ

A：300mm
0.3a： 90mm
2a/3：200mm

千代田区霞が関
Chiyoda City Kasumigaseki

　　　　　■英文：ヘルベチカ・コンデンスド

千代田区霞が関
Chiyoda City Kasumigaseki

3-5 その他の道路附属物等

3-5-1 遮音壁

《ポイント》
- 道路景観の主役は沿道に展開される景観であるが、遮音壁は機能・構造上これら沿道景観への眺めを阻害する要因になりやすい。このため、遮音壁の設置規模が必要最低限となるように、道路本体の線形・構造を工夫することが、遮音壁の景観的配慮の基本である。
- 遮音壁の設置が必要な場合には、一定区間における形状の統一を図るとともに、形状の洗練、沿道への眺めの確保、存在感・圧迫感の低減、近接する他の道路附属物等との調和、周辺景観との調和、外部景観への配慮について検討を行うことを基本とする。さらに色彩については、沿道景観との融和や近接する他の道路附属物等との調和を考慮して選定する。
- また、既設の壁高欄に遮音壁を後施工で設置する場合は、高欄天端上に設置することを基本とし、高欄側面に外付けすることは外部景観への配慮の観点から避けることが望ましい。

《具体的方法の例》
　○遮音築堤による代替について検討する。
- 道路用地に余裕がある場合や、特に景観配慮の必要性が高い場合には、遮音築堤による代替を検討することが有効である。

■遺跡における遮音築堤の設置例
（中央の緑が遮音築堤、右が遺跡）

　○一定区間において遮音壁の形状、色彩の統一を図る。
- 遮音壁は連続的に設置される施設であるため、短い区間で形状・色彩の異なる複数種類の遮音壁が混在すると、仮に単体としては優れたデザインの遮音壁であっても、道路景観全体としては混乱をきたすおそれがある。このため、遮音壁を設置する場合には、可能な範囲内で形状、色彩の統一を図ることが望ましい。

■遮音壁の形状、色彩の統一の例

○遮音壁の形状の洗練を図る。
　・道路の内部景観の特徴は、景観が連続的に変化することにある。このため、遮音壁の景観配慮にあたっては、天端における笠木の設置や、天端の形状を滑らかに連続させる等、天端形状の工夫を行い、快適で心地よい走行景観が得られるように配慮することが有効である。

■遮音壁の天端における笠木の設置例

■遮音壁の天端を滑らかに擦り付け、連続性を確保している例

　・垂直的に立ち上がりのある遮音壁は、水平性が卓越する道路景観においては、その形態自体が唐突な印象を生じやすい。特に遮音壁の始終端部においてはその印象が顕著である。このため、遮音壁の始終端部を設置面にすり付けることで、遮音壁による唐突な印象を緩和することが有効である。

■遮音壁の始終端部を擦り付けている例

第3章 道路附属物等のデザイン | 51

○透過性の高い構造とする。
- 沿道に美しい風景が広がっている等、沿道への眺めを確保する必要性が高い道路においては透光板を採用し、遮音壁自体を透過性の高い構造とすることが有効である。ただし、透光板は経年変化によって黄変や不透明化が進行することを考慮し、採用にあたっては維持管理に必要なコストに留意する必要がある。

■透光板を採用することで透過性を確保している例

○存在感・圧迫感を軽減する。
- 垂直壁面が長い区間にわたって連続する遮音壁は存在感が大きく、道路の内部景観においても外部景観においても、景観的な圧迫感を生じやすい。このため、遮音壁の規模が特に大きくなる場合には、壁面の緑化を行うあるいは、遮音壁の上部パネルに透光板を採用する等、遮音壁の存在感、圧迫感を軽減する工夫を行うことが有効である。

■植栽により遮音壁を隠している例（左写真：前面に植栽、右写真：背面に植栽）

■遮音壁の上部パネルに透光板を採用している例

○近接する他の道路附属物等との景観的調和を図る。
- 遮音壁の周囲には照明柱や標識柱、防護柵といった他の道路附属物等が設置される場合が多い。遮音壁の設置にあたっては、こうした他の道路附属物等と一体的なデザインを行う、あるいは形状や色彩の調和を図るなど、近接する他の道路附属物等との調和に留意することが重要である。

■遮音壁を他の道路附属物等を一体的にデザインしている例

○周辺景観との調和を図る。
- 道路景観の主役である沿道景観との融和に配慮して、遮音壁の素材や色彩を検討・決定することも重要である。

■周辺景観との融和の観点から遮音壁の素材、色彩を選定している例
（左写真：木製遮音壁を設置している　　右写真：外装板の色彩を緑色にしている）

○外部景観への配慮を行う。
・遮音壁を高欄に設置する必要がある場合、高欄の天端に設置することで景観的にすっきりとした印象となる。

■遮音壁を高欄の天端に設置している例

・構造上の理由などから壁高欄の側面に遮音壁を外付けする場合は、両者の接合部が露出し、道路の外部景観に景観的な違和感を生じやすい。このため市街地・郊外部の道路等、人の目に付きやすい場合には、遮音壁の支柱の色彩を壁高欄と同系色にするなど、外部景観への配慮を行うことが重要である。

■高欄と遮音壁の接合部が外部に露出している例。左写真は支柱と高欄側面の色彩が異なるため、同系色としている右写真と比べてより目立ちやすい。

・遮音壁の外側に外装板を設置し外部景観の煩雑な印象の軽減を図る方法もあり、特に高架橋では橋桁を含めて全体を外装板で覆っている例もみられるが、遮音壁の高さが高い場合には外装板自体が大きくなりすぎ、重たい印象を与える場合もあるので注意が必要である。また、外装板の設置にあたっては、コストと維持管理上の支障（点検の容易性等）に十分に留意する必要がある。

3-5-2 落下物防止柵

《ポイント》
- ドライバーの目線の高さ付近に設置される落下物防止柵は、遮音壁と同様、沿道への眺めの阻害要素となりやすい施設である。このため、沿道に美しい風景が展開しているなど、沿道への眺めを確保すべき道路においては、形状等の工夫を行うことで、道路外への眺めを確保することが基本である。
- 遮音壁と同様、近接する他の道路附属物等との調和、外部景観への配慮を行うことが基本である。

《具体的方法の例》
○外部景観に配慮して、壁高欄の天端に支柱を設置する。
- 壁高欄に落下物防止柵を設置する場合、壁高欄の外側に支柱を設置するとボルト類等が外部に露出し外部景観が繁雑な印象となる。このため、壁高欄に落下物防止柵を設置する場合は壁高欄の天端に支柱を設置することが望ましい。

○シンプルで透過性の高い形状とする。
- 上下に縁のない格子金網の採用や、透過性の高い格子の採用など、落下物防止柵の存在感を軽減し、沿道への眺めを確保できるようなシンプルで透過性の高い形状とすることが望ましい。

■透過性の高い落下物防止柵により圧迫感を軽減している例

3-5-3 防雪柵

《ポイント》
- 沿道に連続して設置される防雪柵は、遮音壁や落下物防止柵と同様、沿道への眺めの阻害要素となりやすい施設であり、壁面が立ち上がるため景観的に目立ちやすい。このため、必要な機能を担保しつつ、色彩を工夫する等、周辺景観との融和を図ることが重要である。
- 防雪柵は、無積雪期にはその機能を発揮しない道路附属物であるため、無積雪期の景観にも配慮することが重要である。

《具体的方法の例》
〇周辺景観との融和を考慮して適切な色彩を採用する。
- 防雪柵が必要以上に目立つことがないように、周辺景観との融和を考慮して適切な色彩を採用することが望ましい。なお、明度の低い色彩は重たい印象となるため、避けることが望ましい。
- 防雪柵で多く採用されている亜鉛めっき仕上げは経済性に優れるため、色彩選定にあたっては亜鉛めっき仕上げも含めて検討を行うことが望ましい。

〇収納式の防雪柵を採用する。
- 沿道に美しい風景が展開している道路においては、無積雪期において道路景観を阻害することのないように、収納式の防雪柵を採用することが望ましい。

■収納していない防雪柵の例
　目立たない色彩を採用している

■畳んだ状態の防雪柵の例
　収納時には柵による圧迫感が軽減される

3-5-4 ベンチ

《ポイント》
- 道路附属物等としての固定されているベンチは、周辺の自然やまちなみとの融和を図り、シンプルな形状で、落ち着きを感じさせる色彩を選定することが基本である。
- ベンチの形状・色彩については、景観計画等の上位計画との調整を図ることが基本である。

《具体的方法の例》
- 固定されているベンチは、基本的に座板、構造部で構成され、必要に応じて背もたれがある。道路空間に設置される場合、構造部は鋼製かコンクリート製、座板は木製や人工木材製、樹脂製が多い。構造部はできる限り、シンプルでコンパクトなものとすることを基本とする。また、座板は、座った際の温もりが感じられる耐久性の高い木材を使用することが望ましいが、ささくれ等の発生もあることから維持管理に注意する必要がある。最終的には、コスト等のバランスも考慮して素材を決定する。
- 鋼製部材の色彩は、ダークグレー（10YR3.0/0.2）、ダークブラウン（10YR2.0/1.0）など、できるだけ目立たないものを基本とする。

■ 植樹帯と一体的に整備された歩道部のベンチ

■ 植樹帯の柵と兼用でデザインされた歩道部のベンチ

3-5-5 バス停上屋

《ポイント》
- バス停上屋は、近年占用物件としてではなく、道路附属物として設置されるケースもみられるようになった。整備する場合は安全性を確保する観点から、広告物の添加部を除き透明で容易に反対側を見通すことができるものとし、周辺の自然やまちなみとの融和を図り、軽快でシンプルに感じさせる形状・色彩を選定することが基本である。
- バス停上屋の形状・色彩については、景観計画等の上位計画との調整を図ることが基本である。
- 民間事業者が整備する場合は、道路管理者との協議等により調整を図ることが基本である。

《具体的方法の例》
- 景観配慮の観点からは、壁面のみならず、屋根等の素材についても、圧迫感の軽減を図り透明感のあるものにするなど、できる限り軽快で開放感が感じられるものとすることが望ましい。
- シンプルで無駄のない構成を基本とし、設置する場所の条件に応じて必要な機能を絞り込む。
- バス停上屋は、目印としての記号や文字、時刻表などの部分以外は、それらを引き立てながら周辺と融和する色彩を基本とする。
- 利用者の滞留空間として舗装による視覚的な区分を行う場合は、同色相で素材を変える、同素材で2.0以内の明度差を持たせる程度とするなど、際立った変化を避けることが望ましい。

■バス停上屋と道路附属物等がダークブラウンで統一されている

■透過性のある屋根材を使用し、狭い歩道空間への圧迫感を軽減している

■道路附属物として整備された駅前広場のバス停上屋の例
照明柱、横断防止柵、ボラードをダークグレーで統一するなかで、連続するバス停上屋に透過性のある素材を用いるとともに、全体をオフホワイトでまとめて明るい空間を確保している

3-5-6 視線誘導標

　視線誘導標は、道路附属物のうち「車両の運転者の視線を誘導するための施設」として定められており、その設置に関する考え方は「視線誘導標設置基準／昭和59年４月、国土交通省都市局・道路局」（以下、この項で「基準」という。）に示されている。この「基準」では、反射体を支柱で支えるタイプの「デリニエーター」を対象としている。
　従来は、視線誘導標はデリニエーターが一般的であったが、近年は基準におさまらない形状や機能を有する製品が多く採用されている。
　「基準」では、反射体の形状は丸型とし直径70mm以上100mm以下としているが、反射体を支柱の外周に取り付けた樹脂製やゴム製の視線誘導標（ラバーポール）をはじめ、矢印でカーブの注意喚起を促す線形誘導標、自発光型のものなど多様な製品がある。
　ここでは、以下の４タイプについて、景観に配慮する考え方を示す。

■①デリニエーター　　■②ラバーポール　　■③線形誘導標　　■④その他のタイプ

《ポイント》
○他の道路附属物等との調和を図る。
  ・視線誘導標は、他の道路附属物等より後に追加して設置される場合が多いため、形状や色彩などは、他の道路附属物等と調和させることを基本とする。

○法定表示等の視認性を優先させることが基本である。
  ・視線誘導標は注意喚起機能が求められる施設であり、そのため彩度の高い製品が用いられる場合が多いが、高彩度の視線誘導標を多用すると、交通安全上は最も重要な情報を提供する法定表示等が目立たなくなる場合がある。
  ・視線誘導標の設置に際しては、他の法定表示等の視認性を阻害することのないよう、視線誘導標としての役割を確保できる最小限の配置とする。また、色彩は、法定表示等と競合することのない彩度に抑えるよう、十分な注意を要する。

○維持管理性を確保する。
  ・視線誘導標は、車道、路側などの、車両と接触する可能性が高い箇所に設置するため、破損する可能性が高い施設である。破損した場合には交通安全上の機能が低下するとともに、景観も悪化するため、早期の補修が望まれる。そのため、視線誘導標の導入に際しては、耐久性の高い製品の選定に加え、破損時の部品調達や修繕、交換が、早急に対応できる製品を選定することを基本とする。

○景観的なまとまりを形成する。
  ・まとまりのある連続的道路景観を形成するために、短い区間や道路の両側などで、異なる形状や色彩となる製品が混在しないようにすることを基本とする。

①デリニエーター

　デリニエーターは、車道の側方に沿って道路線形等を明示し、運転者の視線誘導を行う施設である。

　「基準」によれば、デリニエーターの反射体は直径70mm以上100mm以下の丸形とし、反射体の色彩は白色または橙色、支柱の色彩は白色またはこれに類する色とされている。

　デリニエーターの使用範囲については、「安全かつ円滑な交通を確保するために必要がある場合」とされており、また、設置場所と反射体の色彩の関係は、左側路測に白色反射体を設置することを原則とし、必要に応じて中央帯および右側路測等に橙色反射体の設置を認めている。

視線誘導標の設置場所	反射体		
	色	個　数	大きさ（mm）
左　　側　　路　　側	白色	単眼	直径　70〜100
中央分離帯及び右側路側帯	橙色	単眼	直径　70〜100

※出典：「視線誘導標設置基準／昭和59年4月16日、都街発第15号・
　　　　道企発第16号」

　これらのことから、反射体の色彩が、他の法定標示等の視認性を阻害することのないよう、視線誘導標としての役割を確保できる最小限の大きさと配置とすることを基本とする。

《ポイント》

- ・基準の趣旨を踏まえ、他の道路附属物等との調和に配慮する。
- ・支柱の色彩については、白色またはこれに類する色とされており、景観配慮が必要な場合には、例えば、グレーベージュ（10YR6.0/1.0）や、亜鉛めっき仕上げに近い色彩であるオフグレー（5Y7.0/0.5）の採用についても検討する。
- ・防護柵に取り付けられるタイプのデリニエーターを使用する場合に、反射体取り付け部材の色彩は、防護柵の色彩と合わせられないか検討する。

②ラバーポール

　樹脂製またはゴム製の視線誘導標（ラバーポール）は近年、車線分離、駐車禁止対策、生活道路等における狭さくなどに多用されつつある。

《ポイント》

- ・交通安全上の役割を果たすことのできる必要最小限の設置とする。
- ・彩度の高い視線誘導標を多用することは避けることとし、設置目的により、彩度を抑えた製品を選定することとする。

　ラバーポールは、接着剤やアスファルト用アンカーなどで簡易に設置できる利点を持ち、車線分離、駐車禁止対策、生活道路等における狭さくなどに多用されつつある。

　製品により色彩の選択肢はあるものの、注意喚起を設置目的とするために、JIS安全色と同等の高い彩度を持つ製品が用いられる場合が多い。

交通安全のためにある程度の視認性を確保する必要がある一方で、彩度の高いラバーポールを多用すると、目立たなければならない法定標示等が目立たなくなる場合がある。特に、道路空間の規模が幹線道路に比較して小さい生活道路等では、幹線道路以上に注意が必要である。

《具体的方法の例》
　○目的に応じて低彩度の製品を選定する。
　　・設置する場所と目的を考慮し、低彩度の製品を採用する。また、必要に応じて、反射テープなどで視認性を確保することとする。

■高彩度の視線誘導標を多用した例
　消火栓表示と同等の彩度となっている。

■日本工業規格（JIS）に定める安全色
・JISでは、安全を確保するための特別の属性をもつ色としてJIS安全色を定めている。
・JIS安全色は高い視認性が求められるため、高彩度色（彩度10〜14）を用いており、これらと混同する色彩の乱用は避けるべきである。

色の種類	意味または目的	マンセル値（参考値）	色票（近似色）
赤	防火,禁止,停止,高度の危険	7.5R4/14	
黄赤	危険,航海,航空の保安施設	2.5YR6/14	
黄	注意	2.5Y8/12	
緑	安全,非難,衛生,救護,保護,進行	10G4/10	
青	義務的行動,指示	2.5PB4/10	
赤紫	放射能	2.5RP4/12	

※出典：JIS安全色（JIS Z9101）

■景観に配慮したラバーポール
　写真はダークブラウン
　他にダークグレーやグレーベージュの製品がある

第3章 道路附属物等のデザイン　61

③線形誘導標

　線形誘導標は、反射体で矢印などを表示し、カーブや危険箇所等の注意喚起を促し、道路の線形に対して運転者の視線を誘導するために設置する施設である。
　基準に該当しない施設であり、様々な形状、色彩の製品が設置されている。

《ポイント》
- 景観に配慮するためには、安全を確保するうえで必要最小限の設置とし、反射体の形状、寸法、色彩については過度に目立つことのないように努めることとし、支柱の色彩は周囲の道路附属物等に合わせることを基本とする。
- 車両速度が高く交通量の多い道路等では有効な手法だが、車両速度が低い生活道路などに設置する場合には、設置数や色彩によっては目立たなければならない標識等が目立たなくなる場合等があり、十分な注意が必要である。
- 反射体の色彩等については、注意喚起の必要性が夜間、悪天候時等に限られる箇所では、視界が良好な昼間時には目立たず、必要となる状況に限り視認性が高まる「白色反射体」や「自発光型」などについても検討することとする。

■市街地における線形誘導標

《具体的方法の例》
- 目的に応じて低彩度で防護柵のトップビームから突出しない製品を選定し、設置する場所を考慮し、ガードパイプの色彩と統一感があり、ビームに取り付けられる製品を採用する。
- 線形誘導標は、同一カーブ区間に多数取り付けられる場合が多い。このような場合には、線形誘導標のサイズを小さくする、線形の視認に必要十分な設置間隔として設置数を減ずるなどの工夫を行うこととする。
- 線形誘導標は、四角形の盤面に矢印を記したものが多い。盤面の色彩については、防護柵などの周辺の道路附属物等と同じ色彩とする。矢印の色はJIS安全色に示された高彩度のものが使われることが多いが、なるべく彩度の低い色彩や白色を用いることが望ましい。

■景観に配慮した線形誘導標

④その他のタイプ
(a) 自発光型視線誘導標
　支柱や支柱基部にLEDを内蔵し、発光することで視線誘導を行う基準に該当しない多様な製品がある。

■設置イメージ・昼

■設置イメージ・夜

《ポイント》
　〇昼間時の景観へ配慮する。
　　・設置箇所の特性を踏まえ、注意喚起の必要性が夜間、悪天候時等に限られる箇所では、視界が良好な昼間時には目立たない形状、色彩とすることを基本とする。

(b) その他
　形状、寸法、色彩など、基準に該当しない多様な製品がある。

■φ30cmの大型タイプ

■箱型・自発光タイプ

《ポイント》
　〇標準品を採用しない場合は相応の検討を行う。
　　・標準的ではない製品を採用する場合には、現地の交通事情に対し最適な対策であるか、あるいは汎用品で同等の効果が得られないかなど、相応の検討を行う必要がある。

　〇形状・色彩の選定に留意する。
　　・運転者に対し違和感を与える形状や、必要以上に誘目性の高い配色などを用いることのないよう、十分な注意が必要である。

3-5-7 立入防止柵

　自動車専用道路の敷地境界、高架道路下空間の進入防止、歩道橋の階段下の不法占拠防止などに、立入防止柵が無造作に設置され、そのことが景観を阻害している例が少なくない。周囲の道路附属物等が景観配慮をするなかで、立入防止柵についても景観的な配慮が求められる。

《ポイント》
- 形状は、縦桟などのシンプルなものとする。
- 彩度の高い色彩は避けることとする。

《具体的方法の例》
- 自動車専用道路の郊外部における敷地境界では、低彩度あるいは無彩色（亜鉛めっき仕上げ等）の色彩とする。
- 都市部の高架道路下空間においては、縦桟などのシンプルな形状とし、低彩度の色彩とする。
- 歩道橋の階段下などは、歩道橋の色彩と調和する色彩とする。

■高欄支柱の位置と立入防止柵の支柱の位置を揃える等、歩道橋と一体的にデザインされた立入防止柵の例

■歩道橋下に無造作に設置された緑色の立入防止柵

■パイプ柵を用いて立入防止を図っている例

3-5-8 道路反射鏡

　道路反射鏡は、見通しのきかない幅員の狭い生活道路の交差点に設置されることの多い道路附属物である。

　道路反射鏡の支柱等の色彩に関する考え方は「道路反射鏡設置指針／昭和55年12月、日本道路協会」p32で、原則、橙色（2.5YR 6 /13）とされているが、周囲の環境等によりやむを得ない場合は他の色彩を用いてよいものとされている。なお、この場合も道路反射鏡がその役割を果たせるよう、安全面を十分確認する必要がある。

《ポイント》
- ・道路反射鏡は、主として支柱と鏡面、鏡面の取付枠、フードから構成されている。（フードの必要性については検討する。）
- ・指針の趣旨を踏まえ、景観的な配慮を行う場合は、橙色以外の色彩も検討する。また、景観と安全面の両立の観点から、支柱、取付枠、フードを必ずしも同色としないことも考えられる。
- ・鏡面の取付枠の背面は、必要以上に目立たない色彩とする。
- ・フードを取り付ける場合には、壊れやすい樹脂製のものは避ける。
- ・同一交差点に複数の道路反射鏡を設置する場合には、同じ形状・色彩のものを設置する。また、特に支障がない限り、同じ高さとする。

《具体的方法の例》
- ・安全面を十分確認のうえ、道路反射鏡の取付枠やフード等に橙色を用いる場合であっても、必要以上に目立たないように彩度の低い色彩を検討する（例えば、10YR7.0/6.0程度）。また、支柱は、周辺の道路附属物等とのバランスを踏まえ、グレーベージュ（10YR6.0/1.0）やオフグレー（5Y7.0/0.5）、亜鉛めっき仕上げ等も検討する。
- ・鏡面の取付枠の背面の色彩は、支柱と同色か、またはグレーベージュ（10YR6.0/1.0）、オフグレー（5Y7.0/0.5）、亜鉛めっき仕上げ等の必要以上に目立たない色彩とする。

第3章 道路附属物等のデザイン｜**65**

■標準的に使用されている道路反射鏡正面と背面

■同一交差点における複数の道路反射鏡を設置した例
高さ等が不揃いであり、乱雑な印象である

■ダークブラウンの支柱を採用した例
道路反射鏡の存在が視認されやすい立地では、背後の建物等との景観調和と交通安全機能との両立が可能な場合がある

■支柱とフードに白色を採用した例
白色の支柱を採用したことで、唐突な印象を軽減させながら道路反射鏡の視認性を確保している

■支柱や鏡面の取付枠の背面に亜鉛めっき仕上げを採用している例
周辺環境との調和を目的に橙色以外の色を採用

■支柱や鏡面の取付枠および背面にダークブラウンを採用している例
背景と対照的な色合いを採用

3-5-9 舗装・路面への表示

　舗装は、沿道景観において占める割合が大きいため、地域の特性、施設の用途（車道部、歩道部）、維持管理を考慮したうえで、意匠及び色彩が周辺景観と調和するよう努める。

①車道
《ポイント》
- 相対的に耐用年数が短く初期工費が安価なアスファルト系舗装と、耐用年数が長く初期工費が高価なコンクリート系舗装とに大別できる。道路としての連続性や景観性からは、どちらを選択することも可能であるが、管理区分を同一とする区間は、土工部・橋梁部に限らず同一の舗装を選定することが基本である。

《具体的方法の例》
- 同一車線内では、舗装の材料・色調等を統一し、連続性の確保に努める。
- 市街地の道路や歴史的街並みでは、落ち着いた印象を与える控えめな意匠や色彩を検討する（周辺の建物外壁よりも低彩度・低明度が望ましい）。コンクリート系舗装や半たわみ性舗装は、アスファルト系舗装より明るい印象を与えるため、有効である。
- アスファルトの表面に塗料を塗布しただけのカラー舗装は、車道部分に施工すると劣化しやすい傾向にあるため、安全対策を目的に施工する場合は、その機能を保持するためにも定期的な維持管理や補修に努める。

■コンクリート系舗装や半たわみ性舗装は明るい印象を与える

■塗布式のカラー舗装は、定期的な補修が必要である

②歩道
《ポイント》
- 歩道舗装の検討にあたっては、歩道上の人々の姿が景観上の主役であることを意識し、色彩や模様で歩道が目立つことのないようにすることが基本である。

《具体的方法の例》
- 舗装の色彩は、地域の背景色となる色調に合わせるなど、歩道が目立ったものとならないよう配慮する。

第3章 道路附属物等のデザイン 67

・歩道や自転車道（3-5-9③参照）は走行性を確保したうえで、沿道建物など周辺施設との調和を図り、地域環境や道路の性格にふさわしい舗装材料を検討する。
・歩道と自転車道が併設されている場合は、舗装に変化を与え、両者の通行区分の違いを表現するとよい。色の塗り分けで違いを表現する場合には、視認性を確保しながらも、道路空間全体の色彩環境を考慮する。

■周辺施設を引き立て、地域の色調に調和した色彩が選定された例

■歩道と自転車道が併設されている場合において、視覚的な変化とともに、自転車の走行性にも配慮された舗装材が選定された例

○色彩（カラー舗装は後述の④参照）
・無彩色系及びアースカラーを基本とし、明度は4～7程度とする。
・ブロック系舗装にて混色とする場合は、柄を意識させるようなコントラストの強い配色は避け、明度差は1.5以下程度が望ましい。
・ブロック系舗装では単色もしくは2～3色の混色として、歩道幅が狭いところでは色数を少なくする。
・アースカラーについては周辺の景観色、建造物の色調に配慮して色彩を決定する。

○形状・仕上げ
・ブロック系舗装では矩形を基本として、エイジングを感じさせる仕上げが望ましい。
・仕上げは、ショットブラスト等で処理した粗面状のものや、自然砂利の洗い出しなどが相応しい。
・幅員の広い歩道では、比較的大型の材料を使用することが望ましい。
・レベル変化やマンホール等の工作物が多い場所では、小型の材料を使用することが望ましい。

○配置
・ブロック系舗装では整列された単純なものを基本とし、周辺景観によっては変化を持たせたパターンも可とする。

※視覚障害者誘導用ブロックの取り扱いについて
- 「視覚障害者誘導用ブロック設置指針／昭和60年8月、国土交通省都市局、道路局）では、色彩は「原則として黄色とする。」とあるほか、「移動等円滑化のために必要な道路の構造に関する基準を定める省令（第116号）／平成18年12月、国土交通省」では「黄色その他の周辺の路面との輝度比が大きいこと等により当該ブロック部分を容易に識別できる色とする。」とされている。
    なお、「増補版 道路の移動等円滑化整備ガイドライン／平成23年8月、国土技術研究センター」の解説では、「周囲の路面との輝度比が2.0程度確保することにより視覚障害者誘導用ブロックが容易に認識できることが必要である。」とされているが、過度に明彩度の高い色彩は避けることが望ましい。
- ブロックと周辺の路面との輝度比を確保するため縁取りがなされるケースでは、当該ブロック部分を必要以上に際立たせることとなり景観的な違和感が生じることが多いため、上述の輝度比が確保できるベース舗装色を選定することが望ましい。
- 一方、同ガイドラインでは「色彩に配慮した舗装を施した歩道等において、黄色いブロックを適用することでその対比効果が十分発揮できなくなる場合は、設置面との輝度比や明度差が確保できる黄色以外の色とするものとする。」とあり、路線や地区での整備状況との不整合に注意しながら、沿道住民・利用者・関係団体へのヒアリング等を行うなど、十分な検討のうえ、黄色以外の色とすることが考えられる。

■輝度比を確保するための縁取りにより色数が増え、煩雑な印象を与えている

■黄色以外の色彩が選定され、歩道舗装の色彩に対して違和感がないが、十分な検討の上、採用することが必要である

③自転車道、自転車走行空間等
《ポイント》
- 自転車道や自転車走行空間の舗装の検討にあたっては「安全で快適な自転車利用環境創出ガイドライン／平成28年7月、国土交通省道路局、警察庁交通局」を踏まえつつ、必要以上に目立つことがないような路面表示と色彩とすることが基本である。

《具体的方法の例》
- 「安全で快適な自転車利用環境創出ガイドライン／平成28年7月、国土交通省道路局、警察庁交通局」では、歩道と物理的に分離して設置する自転車道の色彩、車道部の自転車専用通行帯の帯状路面表示の色彩、および車道混在の通行帯における矢羽根型路面表示の色彩と形状が指定されている。一方で、標準仕様での統一を基本としながら、地域の実情などに応じて表示内容等に工夫を加えることを認めている。

- 自転車専用通行帯については、全面の塗装を基本としながら、景観に配慮すべき場合は幅を調整することも考えられるとしており、全幅でなく一部（ライン表示等）とすることも可能である。
- 自転車道の塗装色は、前項②歩道を参照し、歩道に対して視覚的な誘導性に配慮する。

自転車通行空間の色彩については，以下のベンガラ色を基本とする。

【ベンガラ色】
自転車通行空間（歩道部）
・アスファルト舗装：色粉の割合を「ベンガラ色：黒色＝７０：３０」としたもの
・インターロッキングブロックやカラー塗装等：次頁参照
　※なお，周辺景観等の地域特性により，別途考慮が必要な場合は，必要に応じて局内デザイン検討会において検討した上で，技術審査委員会で承認を得ることとする。

自転車通行空間（車道部）
・視認性（特に夜間）に配慮し，明度を高めたベンガラ色（色相２．５Ｒ，彩度４，明度６）とする

【参考】自転車通行空間（車道部）ベンガラ色※
※色彩については，必ず，実際の色見本帳で確認すること

※出典：「京（みやこ）のみちデザインマニュアル／平成25年3月、京都市」

b)帯状に塗装された青色のカラー舗装。自転車走行空間の区分は十分認識できる。（県庁前、静岡市）

→自転車レーンの青色表示を必要最小限としている

※出典：「ふじのくに色彩・デザイン指針（社会資本整備）第3版／平成26年7月、静岡県」

路面表示の色彩検討❶

- 青系色を基本とし、路面表示としての実績などから選定した色彩１１色を比較
- 耐久性や現地の施工条件などから溶融型を採用（色彩３色を選定：No.5,8,11）

No	色番号	マンセル値	色彩イメージ	評価
1	65-60P	5B 6/8		●樹脂系すべり止め舗装　耐久性は優れるが、施工時間が比較的長い（規制時間が比較的長い）。
2	67-80H	7.5B 8/4		●特注品（樹脂系すべり止めの場合）　耐久性は優れるが、施工時間が比較的長い（規制時間が比較的長い）。
3	69-40T	10B 4/10		同上
4	69-50T	10B 5/10		同上
5	69-60L	10B 6/6		●溶融型　施工時間が比較的短い。また、必要な耐久性は確保される。
6	69-60T	10B 6/10		●常温型　経済性に優れるが、耐久性と施工性に劣るため、車道での施工に不向き。
7	69-70P	10B 7/8		●特注品（樹脂系すべり止めの場合）　耐久性は優れるが、施工時間が比較的長い（規制時間が比較的長い）。
8	72-50P	2.5PB 5/8		●溶融型　施工時間が比較的短い。また、必要な耐久性は確保される。
9	72-60H	2.5PB 6/4		●樹脂系すべり止め舗装　耐久性は優れるが、施工時間が比較的長い（規制時間が比較的長い）。
10	75-50H	5PB 5/4		●樹脂系すべり止め舗装　耐久性は優れるが、施工時間が比較的長い（規制時間が比較的長い）。
11	75-60P	5PB 6/8		●溶融型　施工時間が比較的短い。また、必要な耐久性は確保される。

注1）施工業者からのヒアリングにより、市場性、汎用性の観点から施工可能な色彩（１１色）を対象として評価を実施。
注2）実際の施工にあたっては、製品・メーカー等により色彩に差異がある可能性があるため、施工条件、現場条件を踏まえた確認を行う（現地色合わせ等）。

※ 平成28年度　静岡県景観懇話会［資料4］を一部編集

※出典：平成28年度　静岡県景観懇話会―資料4 伊豆地域における自転車走行空間整備に向けた取組
（平成29年2月、静岡県）（一部、編集）

④カラー舗装の留意事項
《ポイント》

　カラー舗装は、注意喚起などの情報を視覚的に表現して、通学路や急曲線などの線形変化点の明示といった交通事故防止対策のほか、交差点内の右左折の誘導などで様々な目的で施工されている。

　その趣旨から、人目を引くように目立たせることが必要な一方で、道路空間には標識など様々な他の道路附属物等が設置されるため、突出して目立つと他の注意喚起の構造物が目立たなくなることもある。舗装は道路景観の要素のなかでも大きな面積を占めるものであり、周辺景観を引き立たせるような控えめな存在であることが求められるため、カラー舗装の新設および更新時には、交通特性や道路構造を鑑みて、カラー舗装によらない安全性の確保を積極的に検討することが望ましい。

　以上のことから、交通安全対策と景観的整備の両立を図るには、本来、最も目立つべき標識に注意を払うようにするため、アスファルトとの明度差で視認性向上や注意喚起を行うのが効果的である。ただし、状況によりカラー舗装を行う場合は、必要最小限の範囲を対象に、原色を避け、施工後の退色や汚損も考慮する必要がある。

　また、「法定外表示等の設置指針について／平成26年1月、警察庁交通局交通規制課」では、バスレーン関係は茶系色、自転車通行空間関係は青系色などの記載があるものの、景観保全等の観点から地元の意向等によりこれ以外の色彩を使うことを認めている。そして、無秩序な設置は、法定の道路標識等の整備効果を低下させる可能性があるため、道路標示等の色彩（白・黄）と同系色とならない色彩を使用することが望ましい。

　以上の留意事項を踏まえ、道路舗装で一般的に用いられる赤色、青色、緑色の基本色について、明度・彩度の選定範囲を以下に示す。なお、舗装に用いる色彩については、塗装色とは異なり、表層の微小な凹凸等により明度・彩度をコントロールすることが難しいため、調色の際に目標となる色彩を示すとともに、明度・彩度の推奨範囲を示すこととする。

○赤色系

　近年、歩車道区分や交差点などの注意喚起に多用されるR系（赤系）の色相については、現行の製品が比較的鮮やかなベンガラ色となっており、大面積で用いると景観に与える影響は大きい。そのため、望ましい彩度は4程度まで落とした中間的な彩度とし、明度は3～4程度とすると、落ち着きのある色となり、交通安全施設としての視認性を保ちつつ、景観的に馴染む可能性がある。

　また、歩車道区分で帯状に用いる場合には、幅を15cm程度まで狭めるなど、使用する面積を小さくすることにより、景観に与える影響を軽減することができる。

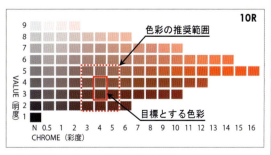

□色相10Rの明度・彩度の選定範囲

○青色系

　自転車専用通行帯等に用いられる B～PB 系（青系）の色相は、まちなみに少ない色であるため、高い彩度では景観に与える影響が大きい。よって、望ましい彩度は 3 程度の中間的な彩度とし、明度も 4～5 程度にすることにより、視認性を確保しながらも落ち着いた印象となり、景観的に馴染む可能性がある。

　また、R 系と同様に、使用する面積を小さくすることで景観に与える影響を軽減することが必要である。

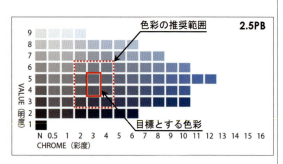

□色相 2.5PB の明度・彩度の選定範囲

○緑色系

　スクールゾーン等に用いられることが多い G 系（緑系）の色相は、まちなみに少ない色であるため、高い彩度では景観に与える影響が大きい。よって、望ましい彩度は 3 程度の中間的な彩度とし、明度も 3～4 程度にすることにより、視認性を確保しながらも落ち着いた印象となり、景観的に馴染む可能性がある。

　また、R 系と同様に、使用する面積を小さくすることで景観に与える影響を軽減することが必要である。

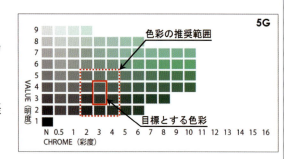

□色相 5G の明度・彩度の選定範囲

《具体的方法の例》
・カラー舗装は、場所によって様々な意味を持たせており、利用者に意図が伝わらないこともある。そのため、目的に応じて路線や地域にて統一的な色彩を用いる。
・舗装表面への塗装は、通行区分の違いや注意喚起等の情報を、視覚的に表現するものであるため、利用者が認識することができる程度の変化をつける表示で十分であり、過度に目立つものを採用すると、周辺景観から突出した印象を与えるなど沿道景観を阻害することもある。このため、カラー舗装は、設置面積や色彩を工夫して、安全性と景観への配慮を両立に配慮する。
・目的に応じて、一定の視認性（特に夜間）を確保する。
・経済性（色彩によっては脱色系アスファルトの使用が必要となり高コストとなる）や、施工規模などにかかわらず常に同一の色彩が出しやすいことに配慮する。

・骨材に有色の自然石を用いることでアスファルトに自然な表情を与えることができる。脱色バインダーを使用する工法とショットブラストなどで表面を研掃する工法があり、交通状況に応じて適切な工法を選択することが望ましい。

※カラー舗装の色彩の設定例
○静岡市

※出典：「静岡市道路構造における運用マニュアル／平成27年9月、静岡市」

○京都市

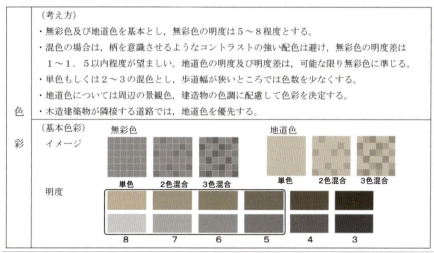

※出典：「京(みやこ)のみちデザインマニュアル／平成25年3月、京都市」

第3章 道路附属物等のデザイン | 73

3-6 道路附属物等のデザイン調整

　道路空間には、様々な道路附属物等が設置される。ここでは、同じ種類の道路附属物等同士のデザイン調整に加え、異なる道路附属物等が設置される場合のデザイン調整の方法についてとりまとめた。

3-6-1 同じ種類の道路附属物等の形状・色彩の統一

　道路空間に設置される道路附属物等は、同一路線であっても必ずしも同じ形状・色彩のものであるとは限らない（例えば、複数の形状・色彩の防護柵や照明柱等が同一路線で設置されることがある）。しかし、短い区間で複数の形状・色彩の異なる防護柵等を混在させると、それぞれが景観に配慮したデザイン的に優れたものであったとしても、景観的な混乱をきたすおそれがある。連続的に設置される防護柵や遮音壁、カラー舗装、断続的ではあるが多数設置される照明柱やボラードなどにおいて、特に注意を要する。

　同じ種類の道路附属物等同士は、その形状・色彩の統一を図ることによって、まとまりのある連続的道路景観を形成することが基本である。

《ポイント》
- 同じ種類の道路附属物等の形状・色彩の統一には、以下の３つの観点があるが、いずれの場合についても、短い区間内や狭い範囲内において他の区間・範囲と異なる形状や色彩のものの設置は避けることが基本である。
    - 連続する区間・範囲の道路附属物等の統一
    - 道路の上り線と下り線の道路附属物等の統一
    - 近接する他の道路に設置される道路附属物等との統一（主に交差点部）

　なお交差点部は、交差する道路の管理者が異なり、道路附属物等が不統一になることが想定されるため、両者間で調整を行うことが必要である。

《具体的方法の例》
- ○景観的基調が同一の場合には、設置する道路附属物等はそれぞれ同一の形状・色彩とする。
    - 道路附属物等の設置にあたっては、市街地・郊外部、樹林地、田園地域、海岸沿いといった景観的基調にあわせて、それぞれ同一の形状・色彩のものとすることが基本である。
    - 主に樹林地が基調となっている地域において、川や湖に接する区間が部分的に存在するような場合には、周辺景観の基調となっている樹林地と融和する色彩で統一することが基本である。

○防護柵の種別が異なる場合でも、極力、構造的な統一感をもたせる。
・防護柵の場合、車両用、歩行者用などの規格があり、また、車両用でもたわみ性や剛性など、構造の異なるものが存在する。
　隣接する区間において、異なる種別の車両用防護柵を連続して設置する場合もあるが、このような場合も、極力構造的な統一感を持たせることが望ましい。また、たわみ性防護柵と剛性防護柵を連続して設置する必要がある場合には、両者が連続的に接合する構造を工夫することが望ましい。

■上下線で異なる形式、色彩の防護柵とすると、アンバランスな印象となる

■たわみ性防護柵と剛性防護柵との接合部の連続性を確保している

○車両用防護柵と歩行者自転車用柵/道路照明と歩道照明との統一感を高める。
・同じ区間において、車両用防護柵に加え歩行者自転車用柵が設置される場合もあるが、このような場合も道路全体としての景観の質を向上させるため、車両用防護柵と歩行者自転車用柵の色彩に関係性を持たせることが基本である。これは、同じ区間において、道路照明と歩道照明が設置される場合においても同じである。
　具体的には、車両用防護柵と歩行者自転車用柵、道路照明と歩道照明が接して設置されるような場合においては、両者の色彩の統一を図ることが基本である。

■車両用防護柵（歩車道境界）と転落防止柵（歩道路側）の色彩が異なり、景観的な調和が感じられない

3-6-2 近接して設置される他の道路附属物等との調和

《ポイント》
- 道路空間内には、防護柵や照明柱などとともに、様々な道路占用物件が設置される。このため、道路全体としての景観の質の向上を図るためには、それぞれの道路附属物等の形状・色彩の統一を図るのみならず、道路占用物件を含む種類の異なる他の道路附属物等の関係性を整えることが基本である。
- 近接する道路附属物等の設置主体が異なる場合には、関係者間で協議・調整を行ない、相互の関係性を整えることが重要である。また、道路占用物件については、占用者との協議等により調整を図ることが基本である。

《具体的方法の例》
○近接して設置される道路附属物等の色彩の調和を図る。
- 防護柵と照明柱や信号柱のように、近接して設置される道路占用物件を含む道路附属物等の色彩を同系色とすることにより、景観にまとまりが感じられるようにする。

■照明柱と防護柵等との色彩の調和を図った例
　調和を図ることで、まとまり感のある道路景観が形成される

○照明柱・標識柱と街路樹との関係性を整える。
- 街路樹は、道路空間に環境保全や潤いなどの様々な効用を与え、景観形成上も重要な役割を担っている。しかし、樹冠が照明を遮る、枝葉が標識を見えにくくするなどの例もみられる。

　これは単に剪定の問題のみならず、樹木が植栽時点から生長することを考慮していないことに起因することが多い。将来的な樹形や樹高を考慮して、照明や標識の設置位置と街路樹の植栽位置との関係を当初から検討することが基本である。

○異なる施設を集約化する。
- 道路空間に設置される道路附属物等は、それぞれに求められる機能が異なることから、個別に設置されがちである。しかし、これでは限られた道路空間は、道路附属物等で窮屈となり、景観的にも混乱をきたしやすい。

  道路空間をすっきりとさせ、景観的な向上を目指すためには、道路照明と歩道照明を一体化するなどの、施設の集約化を検討し、できるところから実施することが基本である。なお、この場合、柱と器具類の色彩は、同一となるよう調整することが基本である。

■遮音壁と照明柱を集約化・一体化した例

3-6-3 道路管理者間での調整

《ポイント》
- 連続する道路であっても、道路管理者が異なるために、連続的に設置される防護柵などの形状や色彩が異なる場合が想定される。これは照明柱などの他の道路附属物等でも起こりうることである。景観的な基調が同じ区間である場合にこのようなことが生じると、それぞれで景観に配慮していても、連続的な道路景観の良さを損ないかねない。
- 交差点部においては、それぞれの道路の管理者が異なることが多いため、このようなケースが発生しがちとなる。このため、道路管理者間の協議を十分に行い、防護柵や照明柱等の各道路附属物等の形状や色彩の統一を図る、あるいは形状・色彩に関連性を持たせてデザイン的な基調を揃えるよう調整することが基本である。

■道路管理者が異なるため、形状および色彩の異なる防護柵が連続して設置された例
道路管理者が異なる道路の交差点では、異なる防護柵が設置される場合がある
このような場合には、連続する道路として防護柵の形状・色彩を揃える調整が必要である

第3章 道路附属物等のデザイン｜77

《具体的方法の例》

　○道路管理者間での調整により、連続する区間でデザインが不連続となることを避ける。

　　・道路管理者間の調整の際、道路附属物等の形状、色彩についても調整する。

　　・異なる形状、色彩で既に計画を進めている場合には、境目を含む連続する区間で形状、色彩を統一することにより、連続区間の途中での不連続を避ける。

　　・自動車専用道路では広域的（JCT 間等）に調整するなど、道路の性格や沿道の特性を考慮して、通行者に違和感のないよう調整する。

3-6-4 整備時期のずれについての対応

《ポイント》

・整備時期が一致しないために、設置される道路附属物等が同じ種類（例えば、防護柵）であっても形状・色彩の異なるものが設置されることがある。このような場合には、先行設置されたものが景観配慮型の施設ならば、それと同じ形状・色彩のものとすることが基本である。逆に、先行設置されたものが景観配慮型のものでない場合には、後で設置される施設を景観配慮型とし、先行設置された施設は、更新時期に後で設置された景観配慮型と同様の形状・色彩のものに更新することが基本である。

・ある道路附属物等（例えば、防護柵）とそれとは異なる道路附属物等（例えば照明）の設置時期が必ずしも一致しないため、異なる道路附属物等の間で色彩の調和を一定期間欠くことが考えられる。このような場合にも、他施設の更新時には、既に景観に配慮して整備あるいは更新された道路附属物等と一貫した考え方に基づく形状・色彩のものとすることが基本である。

・整備時期のずれによって、景観的配慮の考え方が踏襲されず、施設間の形状や色彩に一貫性を欠くことは避けなければならない。したがって、道路の景観配慮に関するマスタープランを作成する等、一貫した考え方に基づく整備となるようにすることが基本である（4-1 参照）。

3-6-5 道路占用物件

　道路占用物件の色彩は、周辺の自然やまちなみとの融和を図り、他の道路附属物等との統一感のある色彩を選定することが必要であり、占用者との協議等により調整を図ることが基本である。また、個別に設置するのではなく、可能な限り集約化・統合化することで、道路空間をすっきりとさせることを基本とする（3-6-2参照）。

（1）ベンチ

《ポイント》
- 道路占用物件としてのベンチは、固定されたものと、近年のオープンカフェ等で設置されることが多い仮設の椅子に大別される。固定されたベンチは、道路附属物等としてのベンチ（3-5-4参照）と同様、周辺の自然やまちなみとの融和を図り、シンプルな形状で、落ち着きを感じさせる色彩を選定することが基本である。仮設の椅子とテーブルは、可搬性や収納性を考慮することが基本である。

《具体的方法の例》
- 固定されたベンチは、基本的に座板、構造部で構成され、必要に応じて背もたれがある。道路空間に設置される固定されたベンチの場合、構造部は鋼製かコンクリート製、座板は木製や人工木材製、樹脂製が多い。構造部はできる限り、シンプルでコンパクトなものとすることが基本である。また、座板は、座った際の温もりが感じられる耐久性の高い木材が望ましいが、ささくれ等の発生もあることから維持管理に注意する必要がある。最終的には、コスト等のバランスも考慮して素材を決定する。
- 鋼製部材の色彩は、ダークグレー（10YR3.0/0.2）、ダークブラウン（10YR2.0/1.0）等できるだけ目立たないものを基本とする。

（2）バス停上屋、地下出入口、食事施設等

《ポイント》
- バス停上屋は、近年占用物件としてではなく、道路附属物等として設置されるケースもみられるようになった。また、行政との契約により、民間事業者が屋外広告物を取り入れたバス停上屋の設置と維持管理を行うケースも増えてきており、これらの多くはデザイン的にも洗練されている（3-5-5バス停上屋参照）。
- 地下鉄や地下駐車場・駐輪場等の出入口は、歩道空間に立ち上がる施設であり、歩道幅員に係らず一定の占用幅を有するため、圧迫感を与える施設となりやすい。これらの施設は、基本的に屋根、柱、壁によって構成されるが、できるかぎり圧迫感を与えることがないように、軽快に見えるようにすることが基本である。
- 最近は道路占用の特例制度を用いて食事施設等を道路空間に設置する事例が増えている。これらは、周辺の自然やまちなみとの融和を図り、軽快でシンプルに感じさせる形状・色彩を選定することが基本である。また、これらは建築基準法と消防法の適用を受けるものとなることから、構造や使用する素材等は、当該法令に基づいたものとすることが必要である。

第3章 道路附属物等のデザイン 79

《具体的方法の例》
・設置による圧迫感を軽減するために、壁や屋根等の素材を透明感のあるものにするなど、できるかぎり軽快で開放感の感じられるものとする。
・シンプルで無駄のない構成を基本とし、設置場所の条件に応じて必要な機能を絞り込む。
・バス停上屋は、目印としての記号や文字、時刻表などの部分以外は、それらを引き立てながら周辺と融和する色彩が基本である。
・利用者の滞留空間として舗装による視覚的な区分を行う場合は、同色相で素材を変える、同素材で2.0以内の明度差を持たせる程度とするなど、際立った変化を避けることが望ましい。

■明るく開放感のある地下道入口

■明るく開放感のある地下鉄入口

■軽快で開放感が感じられるようにした路上の食事施設等

■民間企業による維持管理を導入し道路景観を保全しているバス停上屋の例

（3）変圧器等の地上機器

《ポイント》
- 電線類の地中化に伴う変圧器等の地上機器類は、無電柱化の推進に関する法律の施行により、今後さらに設置されていくこととなる。これまでに設置されてきた地上機器類は、設置される道路の他の道路附属物等と関係の薄い独自の色彩を用いている例が少なくなかった。しかし、道路附属物等について施設間の調整によって同様の色彩の施設が設置されるなかで、地上機器類のみが独自の色彩を用いていては、景観向上の効果は減少することになる。これらの地上機器類も他の道路附属物等と同様の色彩とすることが基本である。
- 狭い歩道空間への導入が可能なように、設置数量の抑制、容積の縮小なども検討することが求められる。

《具体的方法の例》
- 他の道路附属物等と同様の色彩を用いる。
- 機能性を確保しながら、設置数量の抑制と容積の縮小を図ることで、視線の透過性を高める工夫をする。
- 歩行者向けの地番表示や案内板などの機能を付加したり、バス停上屋やボラード、植樹帯などの近接する他の施設に合わせて配置するなど、空間構成要素として活用することにより、地上機器の存在の唐突さを軽減することも考えられる。

■バス停上屋やベンチ等と合わせて地上機器を設置している例
デッドスペースとなるバス停上屋の柱間に地上機器を配置することで、利用者の動線を邪魔することなくおさめている

■様々な地上機器等が統一感なく並べられている例
洗練されていない道路空間では、利用者の秩序やマナーが乱れやすくなるため、勝手な駐輪やゴミ投棄などが散見される

3-7 コストと維持管理

　道路附属物等の整備に係るコストと維持管理については、第2章で触れた事項に加えて、具体的には以下に示す配慮が必要である。

（1）コストを考えた道路附属物等の設置

《ポイント》
- 道路附属物等は、経年的な劣化や事故等による変形または破損が想定される施設であるため、道路附属物等の設置に係るコスト（イニシャルコスト）のみならず、維持管理、修繕に関わるコスト（ランニングコスト）をも十分に考慮して、景観に配慮した道路附属物等を設置することが基本である。
- 道路附属物等のうち、防護柵やボラードにおけるレリーフの設置や装飾的な意匠の付加は、防護柵等の変形や破損に際し、迅速な修繕・復旧が難しいうえ、修繕に関わる費用が割高になる場合が多い。また、地域のシンボルを表現した施設が破損したまま放置されることは、地域イメージとしても好ましいことではない。これらの装飾的な意匠の付加については、ランニングコストの面からもその是非を検討すべきである。

■防護柵に御影石を併用した例
防護柵の変形や破損に際し、迅速な修繕・復旧が難しい

■寺町で擬石のボラードを設置した例
沿道出入口の脇にあるボラードは、車両の死角に入り壊される場合が多い

（2）維持管理を考えた道路附属物等の設置

《ポイント》
- 道路附属物等に使用される各種の素材は、それぞれの素材の特性を有しており、それらの特性を考慮した適切な維持管理を行うことが基本である。
- 破損時等における部材取替えの容易性は、更新範囲や更新に要する時間、ひいてはコストにも影響することから、選定する際に十分考慮することが基本である。
- 道路附属物等の形状や素材、色彩を検討・決定する際には、点検のしやすさも考慮する必要がある。

《具体的方法の例》
　○素材の特性に応じた維持管理を行う。
　　・全般的に整備事例の多い鋼製の道路附属物等は、素材の性質上塗装を必要とする。このため景観的な観点からも、塗装の剥離や褪色、汚れの付着や錆による劣化を防止・抑制するために適切な維持管理を行うことが望ましい。
　　・アルミ製やステンレス製の道路附属物等は素材の性質としては塗装を必要としないが、周辺景観との融和を図るために塗装を行うことが想定される。このような場合には、塗装の剥離や褪色、汚れの付着を防止・抑制するために適切な維持管理を行う。
　　・コンクリート製の道路附属物等は、経年変化によって徐々に周辺景観に馴染んでいく一方、雨水等による汚れが目立つ素材でもある。このため、例えば天端における水きりの設置や水抜きのための縦スリットを壁面に設ける等、汚れが集中しないための工夫を行うことが望ましい。
　　・木製の道路附属物等は、素材の性質上腐食が心配されることから、防腐処理が必要となる。また、鋼製の道路附属物等に木材を被覆したものは、内部の錆等を外部から確認しにくいことから、特に維持管理上の注意を要する。

　○維持管理や点検の容易性を考慮して道路附属物等の形状を決定する。
　　・部材点数の少なさや使用工具の種類の少なさ、部材調達の容易度等を考え、設置後の維持管理に支障をきたすことがないような形状、色彩を選定することが基本である。

（3）破損時等における道路附属物等の適切な修繕・更新

《ポイント》
　・破損や老朽化による錆びが目立つ道路附属物等をそのまま放置しておくことは、腐食の原因となる等の安全上の問題のほか、景観を阻害する要因ともなる。良好な道路景観形成を図っていくうえでは、道路附属物等の破損や老朽化にあわせて適切な修繕・更新を行っていくことが基本である。
　・修繕・更新の対象となる道路附属物等が景観配慮型の施設である場合は、それと同じ形状・色彩のものとすることが基本である。逆に、修繕・更新の対象となる道路附属物等が景観配慮型の施設でない場合は、修繕・更新箇所を含む一部区間の設置年数や劣化の度合い等を考慮し、可能であれば一部区間を先行して景観配慮型の施設に置き換えるのが望ましい。

■錆びがかなり目立つ門型標識柱の例
　適切な修繕・更新を行っていくことが求められる

■防護柵全体が錆びつき、見苦しい状態になっている

《具体的方法の例》
　○定期的に点検を行い、問題のある箇所を早期に発見し、適切な修繕・更新を行う。
　　・適切な修繕・更新を行っていくためには、道路附属物等の設置後に定期的な点検を行うことに加え、問題のある箇所を早期に発見して適切な修繕・更新を行う。

　○沿道住民との連携による適時適切な対応と、道路の利用実態に即した適切な修繕・更新を行う。
　　・実際の維持管理作業は、道路管理者の点検管理だけで管内全てを把握することは困難であり、沿道住民からの情報提供を受けて対応することが多い。そのため、道路管理者側からのこまめな情報発信等によって道路管理に対する理解を得るよう努めるなど、道路管理者と沿道住民等とのスムーズな連携を図る必要がある。

3-8 暫定供用時の景観検討

　道路が暫定供用される際には、車線幅員調整等のために仮設の防護柵が設置される場合がある。これらの施設は、仮設用として特に景観に配慮したものとはなっていないことが多いため、景観阻害を引き起こしている例も多い。
　これらの施設は、必ずしも防護柵としての機能が求められているものではないが、車両の接触時にある程度の車両の誘導や逸脱防止機能を保つことも重要であり、仮設用として適切な機能を有しかつ景観に配慮したものを用いることが望ましい。

《具体的方法の例》
　○工事中や暫定供用中の道路景観のイメージを高める施設を選定する。
　　・現地の交通状況を考慮し、衝突時の車両の誘導や路外への逸脱防止機能を必要としない場所においては、イメージアップの観点からもプランター等の施設で代替することも考えられる。

■仮設的な施設は景観阻害要因となりやすいため、十分な配慮が必要

■暫定供用時において、プランターを設置し、車両の誘導を行っている例

■一時的な対応であっても、生活空間等のなかで過剰な注意喚起は避けたほうがよい

■仮設の防護柵が目立ちすぎている例

第3章 道路附属物等のデザイン

3-9 道路附属物等の

道路附属物等のうち、主要な以下の4つの道

《基本とする色彩のマンセル値》
- ダークグレー（濃灰色）………… 10YR3.0/0.2
- ダークブラウン（こげ茶色）………… 10YR2.0/1.0
- オフグレー（薄灰色）………… 5Y7.0/0.5
- グレーベージュ（薄灰茶色）………… 10YR6.0/1.0

		防護柵	歩道橋
デザインのポイント		【シンプルな形状（付加的な装飾の抑制）】 ・防護柵は、構造的・機能的に必要最低限の部材であることが基本である。 ・地域イメージの直接的な表現（地域の特産物を描くこと）をはじめとする付加的な装飾は、は言えないとともに、防護柵が本来有する機能避けることが基本である。 【透過性への配慮】 ・主に自然景観や田園景観が広がっている地域する必要がある場合には、透過性の高い形式 【存在感の低減】 ・主に橋梁部や中央帯に設置されるコンクリーなコンクリート壁面が連続するため、面とリートは輝度が高いため、道路外部からの眺めやすい。このため、必要に応じて、コンクリ工夫を行うことが望ましい。 【人との親和性等への配慮】 ・歩道が設置される道路では、防護柵が歩行者行者が防護柵に直接触れることに対する配慮うことが基本である。 ・温もりを感じさせたいような地域や、木造の伝統建築物が集積している街並み、緑の多い地柵を用いることも考えられる。	【デザイン上の配慮事項】 ・新設の歩道橋は、①跨ぐ道路からの景観配慮、②歩道橋利用者の利便性・快適性の両面に配慮する。 ・歩道橋が跨ぐ道路から見たデザイン上の要請は、道路走行の視界を極力妨げない、構造物本体のスレンダーさと附属・添架物による煩雑さの軽減である。 ・利用者の利便性は昇降施設の配置・形態が影響し、快適性は歩行空間のしつらえが対象となる。
色彩選定の基本的な考え方	共通	地域の特性に応じた適切な色彩を選定するこ	【色彩選定の配慮事項】 ・市街地での道路景観の主役は、道行く人々や車両、周辺建築物や店舗のショーウィンドウ、四季折々に変化する街路樹であるため、歩道橋は控えめに、鮮やかすぎる色彩は避け、"低彩度の落ち着いた色彩"を選定することを原則とする。 ・高欄部（窓枠部含む）が鋼製の場合、これを桁部と同色に塗装することが一般的であるが、色彩によっては歩道橋全体の存在感が増し、圧迫感に繋がることもある。その場合、高欄部にアルミやステンレスなど錆び難い材料を素材色のまま使用するか、桁の色彩よりも明度のみ2.0以上明るく塗り分けると軽快な印象となる。 ・周辺の建築物や道路附属物等の色相に揃えたうえで、その存在感を抑える"10YRの中明度低彩度"の色彩を選定する。 ○歩道橋の色彩選定（10YR系） 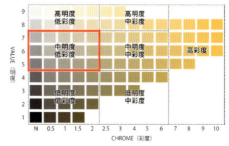
	市街地・郊外部	【塗装面が比較的小さい　防護柵（ガードパイプ等）】 ・ダークグレー ・ダークブラウン ・グレーベージュ ※歴史的街並み等では、 　・ダークグレー 　・ダークブラウン	【塗装面 ・グレ ※歴史 　ガー 　レー
	自然・田園地域	【塗装面が比較的小さい　防護柵（ガードパイプ等）】 ◇樹林地 ・ダークグレー ・ダークブラウン ◇海岸部・田園地帯 ・ダークブラウン ・グレーベージュ	【塗装面 ◇樹林 ・グレ ◇海岸 ・グレ
	注記	・周辺が比較的明るい色彩を基調としている地補色に加えて検討する。 ・塗装面が比較的大きいガードレール形式の車に設置する場合には、「亜鉛めっき仕上げ」も	

第3章 道路附属物等のデザイン 87

第4章

景観に配慮した
道路附属物等整備の進め方

4-1

4 道路附属物等に係るマスタープランの策定

　国土交通省所管事業では、「国土交通省所管公共事業における景観検討の基本方針（案）／平成21年 4 月　大臣官房技術調査課長・公共事業調査室長通知」に基づいて、構想・計画から維持管理まで、景観整備方針の継承による一貫した景観整備を行うことになっている。景観に配慮した道路附属物等の新設、更新においても一貫した考えに基づいて行うことが基本である。

　またそのためには、道路全体に係る景観マスタープラン等を策定することが望ましく、そのなかで、本ガイドラインに示された事項に基づいて、景観に配慮した道路附属物等の新設、更新にあたってのマスタープランを定めることが基本である。なお、独自の指針等を策定していない道路管理者においては、本ガイドラインに準拠して道路附属物等を新設・更新することとする。

　本章では、道路全体に係る景観マスタープラン等で示すべき項目のうち、道路附属物等に係る事項について、マスタープランの策定、マスタープランに基づく道路附属物等の選定、地域意見のとりまとめ、および事後評価の実施について示す。

4-1-1 マスタープランの定義と策定目的

　道路附属物等に係るマスタープランは、道路附属物等の統一性や連続性を図る地域や区間の単位と景観的な配慮が特に必要な地域・道路を示すとともに、それらの地域等における景観的な配慮方針を示すものである。

　マスタープランは、景観に配慮した道路附属物等の新設・更新を一貫した考えのもとに実施することを目的に策定する。マスタープランで定めた方針に基づく検討は、新設・更新時の道路附属物等の統一性や連続性の確保、必要性の判断による設置の回避、景観に優れた他施設による代替手段による対応等を促進することとなる。

4-1-2 マスタープランの内容

　マスタープランは、以下の内容を標準とし、地域の実情にあわせて適宜内容を補うこととする。

（1）道路附属物等の統一を図る区間

　市街地・郊外部、自然・田園地域の景観等、沿道の景観的基調が同一で連続する区間を単位として、道路附属物等の統一を図る区間を定める。

　景観的な基調の把握にあたっては、地方公共団体等の景観条例や各種計画（総合計画、都市マスタープラン、土地利用計画、景観計画等）の把握、地形図の土地利用による色分け、その他の既往文献資料、現地調査等による確認を通じて行う。

　なお、ある一定距離の景観的基調の区間のなかに景観的基調が異なる距離の短い区間が点在するような場合（例えば、主に沿道が樹林地である区間のなかで、部分的に川や湖に接する場所が存在する場合）であっても、その主たる基調を全区間に渡って適用するのが基本である。

（2）景観上特に配慮する必要のある地域・地区等

　マスタープランの策定エリアのうち、歴史的な環境を有している地区、地域の主要な山岳への眺めが得られる地域等は、景観上の特に配慮する地域・地区等として位置付けられる。マスタープランには、（1）で示した道路附属物等の統一を図る区間に加えて、これらの地域・地区を明確にすることが望ましい。これらの地区の例としては、「2-3 景観的な配慮が特に必要な地域・道路」において示したような地域・道路が参考となる。

（3）景観的な配慮方針

　上記（1）（2）の地域・地区毎に、景観的な配慮方針を定める。

　景観的な配慮方針は、その地域・地区の景観を活かし、引き立てるうえで道路附属物等はどのようにあるべきかという観点から、景観上重視すべき事項、形状、色彩に関する事項を設定する。配慮方針の検討にあたっては、地方公共団体等が策定した地域や地区に関わる景観の計画と十分な整合を図る必要がある。

　なお、具体的な道路附属物等の形式については、設置箇所の状況に応じて決定する必要がある。また、塗装等により着色する場合の道路附属物等の色彩については、マンセル値（参考資料3）で定めておくものとする。

　景観的な配慮方針の設定例を以下に示す。

■景観的な配慮方針の設定例（防護柵を例として）

○市街地・郊外部
《市街地景観が基調の区間》
　・都市的で比較的明るい色調の街並み景観を引き立てるように配慮する
　・歩行者の通行が多く、人が間近に眺め、触れることが想定されることから、細部のデザインに留意する
　・防護柵の色彩はグレーベージュ（10YR6.0/1.0）を基本とする
《歴史的な街並みを基調とする区間》
　・伝統的建築物群からなる落ち着いた色調の街並み景観を引き立てるように配慮する
　・多くの観光客が間近に眺め、触れることが想定されることから、防護柵の手触り感に配慮する
　・防護柵の色彩は、街並み景観の基調をなす漆喰や瓦と融和するダークグレー（10YR3.0/0.2）を基本とする
○自然・田園地域
《樹林景観が基調の区間》
　・次々と山並みが連続的に変化して見えるシークエンス景観を印象的に眺められるように配慮する
　・眺めの良い区間が連続することから、透過性の高い防護柵を基本とする
　・防護柵の色彩は、樹林景観に溶け込むダークブラウン（10YR2.0/1.0）を基本とする
《海岸景観が基調の区間》
　・水平線や海水面、空などが連続的に変化して見えるシークエンス景観を印象的に眺められるように配慮する
　・眺めの良い区間が連続することから、透過性の高い防護柵を基本とする
　・防護柵の色彩は、海岸景観に溶け込むダークブラウン（10YR2.0/1.0）を基本とする

4-1-3 マスタープランの対象範囲

　マスタープランには、策定対象とする地域・地区や道路の性格によって、様々な範囲が存在する。マスタープランの策定にあたっては、地域・地区や道路の状況を踏まえ、現場に適用しやすい適切な対象範囲とすることが必要である。

　マスタープランの対象範囲の例を以下に示す。

・県レベルの広域タイプ
・国立公園等の地域内で策定するタイプ
・所管する路線で定めるタイプ
・特定の地区で定めるタイプ　　　等

4-1-4 マスタープランの策定主体

　マスタープランは、策定対象とする地域・地区や道路の性格に応じて、国と県等の複数の道路管理者が協力して定める場合と、道路管理者が単独で定める場合とがある。

　例えば、複数の市町村からなる広域タイプでは、国道事務所が主体となり、県・市町村が参画してマスタープランを策定することが考えられる。

　また、道路管理者が単独で定める場合でも、策定する地域・地区に関係する道路管理者と調整することが求められる。

■マスタープランにおける景観的な配慮方針の設定例

第4章 景観に配慮した道路附属物等整備の進め方 | 93

4-2 マスタープランに基づく道路附属物等の選定

　具体的な道路附属物等の新設、更新にあたっては、マスタープランにおいて示された景観的な配慮方針に基づいて、適切な形状、色彩等とすることが基本である。以下に、具体的な道路附属物等の選定時における留意事項を示す。

4-2-1 設置する道路附属物等の検討と選定

　マスタープランにおいて定められた景観的な配慮方針を踏まえ、設置可能な道路附属物等について代替案を含めて検討し、設置を行う具体的な道路附属物等の形状、色彩等を選定する。道路附属物等や代替施設の検討においては、その種類、形状、色彩の比較に加えて、維持管理の容易性やライフサイクルコスト等についても検討することが必要である。
　なお、既に景観に配慮した道路附属物等の整備が進んでいる場合には、他区間においても統一性、連続性を図るために、原則として景観に配慮した既設の道路附属物等と同一のものを選定することが基本である。

4-2-2 マスタープランがない場合の当面の対応

　マスタープランがまだ策定されていない場合には、当面の運用として上記の検討に先立ち、以下の検討を行う。

（1）設置箇所の景観的基調の把握

　「4-1 道路附属物等に係るマスタープランの策定」で示した方法により、市街地・郊外部、自然・田園地域の景観等、設置箇所周辺の景観的基調を把握する。なお、景観的基調の把握にあたっては、設置箇所がその周辺の主たる景観的基調とは異なる距離の短い区間に該当している場合には、その主たる基調を設置箇所の景観的基調として扱う。

（2）景観的な配慮方針の設定

　設置箇所における景観的基調を踏まえて景観的な配慮方針を設定する。
　配慮方針の設定は、マスタープランと同様の観点から行う。

　なお、マスタープランの策定範囲外の地域、道路については、本ガイドラインおよび近隣のマスタープランを策定した地域・地区の道路における配慮事項を参考に、適切な道路附属物等を選定することが基本である。

4-3 地域意見のとりまとめ

地域の意見の聞き取りとその結果のとりまとめは、次の各段階で実施する。

4-3-1 道路附属物等に係るマスタープランの策定段階

マスタープランとして、計画をとりまとめる場合には、パブリックコメント手続き等を実施して、広く地域からの意見を求め、計画に対する人々の理解を深めてもらうとともに、得られた意見等を適切に反映し、マスタープランとしての完成度を高めることが望ましい。

また、道路全体の景観に係るマスタープラン等の策定にあたりパブリックコメント手続き等を実施する場合には、そのなかで道路附属物等についての意見を聴取することが望ましい。

地域意見を聴取する方法としては、以下のような方法がある。

・インターネット
・地方公共団体等の広報誌
・アンケート調査
・地域の人が参画する委員会
・道路利用者のモニター 等

また、策定したマスタープランの内容については、広報活動等を通して地域の人々に知ってもらうことが重要である。その際には、聴取した意見を計画にどのように反映したかについての報告も行い、地域の人々の理解を得ることが重要である。

4-3-2 道路附属物等の選定段階

景観に配慮した道路附属物等は、マスタープランに基づいて選定するものであることから、そのデザイン（形状、意匠）に対する要望を直接的に地域から聞くことは必ずしも必要ではない。

この段階において、地域から意見を聞く必要があるケースとしては、設置する道路附属物等がマスタープランに基づいた適切なものであるか否かについて、パブリックコメントを求めること等が考えられる。

第4章 景観に配慮した道路附属物等整備の進め方 **95**

4-4 事後評価の実施

　景観に配慮した道路附属物等の設置後においては、設置した道路附属物等について、景観的な面から事後評価を行うとともに、交通安全上の問題が生じていないか、維持管理にあたっての問題はないか等についても評価を行い、今後の道路附属物等整備や維持管理に活かしていくことが望ましい。なお、道路の新設、更新時において景観に配慮した道路附属物等の設置を行う場合には、道路整備全体の事後評価のなかで評価を行うことが望ましい。

4-4-1 整備実施直後の評価項目

　整備実施直後においては、設置した道路附属物等が計画で示した内容や目標を十分に達成しているかどうかについて景観的な評価を行い、改善すべき問題点や課題がある場合には、適切な措置をとることとする。

　事後評価を行う評価主体としては、地域の人々、道路利用者、道路管理者等が考えられる。また、評価の視点としては、「2-1 景観的配慮の基本理念」で示した「周辺景観との融和」「他の構造物との調和」「構造的合理性に基づいた形状」「周辺への眺望の確保」「人との親和性等に配慮されたデザイン」が考えられる。なお、事後評価は、現場の状況に応じて、ヒアリング、アンケート等、適切な方法で行うことが望ましい。

4-4-2 整備実施から数年後の評価項目

　整備実施から数年後においては、設置後の道路附属物等が適切に維持管理され、機能的にも景観的にも良好な状態を維持しているかについて評価を行い、改善すべき問題点や課題がある場合には、適切な措置をとることとする。例えば、破損箇所における同一形状・色彩の道路附属物等による更新、劣化・磨耗したカラー舗装の補修、樹木の生長に伴う道路標識への視認性低下防止措置などの道路附属物自体に関するものや、市町村の景観重要公共施設への当該道路の指定に伴う道路附属物等のあり方の見直しなど、道路以外のものや仕組みによるものがある。

　また、今後の整備や維持管理に活かすべき事項については、その内容と対応方針をまとめ、適切に引継ぎ、今後の整備や維持管理に反映させることとする。

　評価の項目と評価主体の例を以下に示す。なお、事後評価は、現場の状況に応じて、ヒアリング、アンケート等、適切な方法で行うことが望ましい。

《評価の項目と評価主体の例》

評価の項目	評価主体の例
安全性確保	道路利用者、道路管理者等
景観（補修状況を含む）	地元住民、道路利用者、道路管理者等
維持管理（ランニングコストを含む）	道路管理者等

4-4-3 マスタープランの修正・調整

　道路附属物等の維持・更新は10年〜20年周期以上に及ぶものであることから、相当程度の時間の流れを考慮して、良好な道路空間をつくりあげていくことが重要である。しかしながら、実際適用した結果が、必ずしも想定した通りになっていない部分や、地元住民等の要望、社会情勢の変化等から、マスタープランを運用していくなかで、若干の問題が発生するケースも想定される。このため、マスタープランを具体的に運用していくうえでの問題点や課題、更には時代の要請等を踏まえつつ、マスタープランの微修正・調整を適宜行っていくことが、良好な道路空間をつくりあげていくうえでも重要である。

参考資料

資料ー1　役割と使い方 ……………………………………100

資料ー2　景観の種類 ………………………………………106

資料ー3　色彩の基礎知識 …………………………………108

資料ー4　道路附属物等の現状 ……………………………109

資料ー5　夜間景観ガイドライン等の事例 ………………117

資料ー6　車道混在・自転車通行帯表示のローカルルールの
　　　　　設定事例 …………………………………………124

資料ー7　防護柵の種類と形式 ……………………………125

資料ー8　道路附属物等関連基準類一覧 …………………127

資料-1　役割と使い方

1．道路のデザインに係る参考図書※の活用方法

　国土交通省では、所管する公共事業における景観検討の実施にあたり、事業の影響が及ぶ地域住民やその他関係者、学識経験者等の意見を聴取しつつ事業を実施するための手順と体制を確保するため、「国土交通省所管公共事業における景観検討の基本方針（案）」（以下「景観検討基本方針（案）」という。）を定め、平成19年4月から運用（平成21年4月改定）している。

　道路のデザインに係る参考図書は、事業の規模等に関わらず、どのような事業であっても参照すべき内容として定めていることから、「景観検討基本方針（案）」の対象外となる事業も含め、計画・設計段階から施工・維持管理段階まで適用することが望ましい。

　「景観検討基本方針（案）」の運用にあたっては、図1に示す通り①景観検討区分判断から⑥景観整備方針に基づく維持管理において「補訂版 道路のデザイン」を活用し、③景観整備方針策定以降は「本ガイドライン」を活用することが基本的な考え方である。

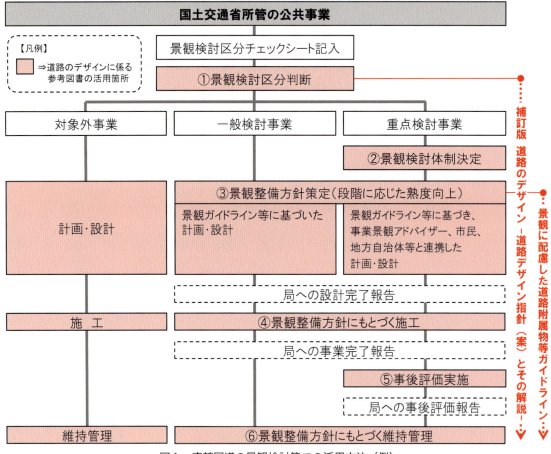

図1　直轄国道の景観検討等での活用方法（例）
（※上図は、国土交通省資料「公共事業における景観アセスメント（景観評価）システムの概要」を参考に作成）

※ここでは、「補訂版 道路のデザイン」及び「景観に配慮した道路附属物等ガイドライン」をあわせて、「道路のデザインに係る参考図書」とする。

２．道路のデザインに係る参考図書の周知・標準化

　道路のデザインに係る参考図書は、各々の道路管理者が活用し、それを設計、工事等の発注において適用するものと明確に位置付けてこそ、良好な道路景観の形成に資することができる。

（１）特記仕様書等における適用基準への記載（例）

　道路のデザインに係る参考図書の実効性を確保するためには、設計、工事等の発注図書（特記仕様書等）における適用基準として、道路のデザインに係る参考図書を記載することが効果的である。図２に工事での特記仕様書の記載（例）を示す。

【特記仕様書　記載例（工事編）】

国道○○号整備工事　特記仕様書

第○章　総　則

第１章　本特記仕様書は国道○○号整備工事に適用する。

第２章　本工事は設計図書及び本特記仕様書による外、各項によるものとする。
　　　　　１．土木工事共通仕様書（平成○年○月）
　　　　　２．土木請負工事必携（平成○年○月）
　　　　　３．土木工事施工管理の手引（平成○年○月）
　　　　　４．建設リサイクルハンドブック（平成○年○月）
　　　　　５．道路のデザイン―道路デザイン指針（案）とその解説―（平成○年○月）
　　　　　６．景観に配慮した道路附属物等ガイドライン（平成○年○月）
　　　　　７．別添「新技術活用工事関係特記仕様書」
　　　　　８．別添「現道工事における交通処理対策特記仕様書」
　　　　　９．別添「土木工事データベース用道路施設台帳作成特記仕様書」
　　　　　10．別添「地下埋設物件の事故防止に関する特記仕様書」
　　　　　11．別添「架空線の事故防止に関する特記仕様書」
　　　　　12．別添「グリーン購入法に関する留意事項」
　　　　　13．別添「アスファルト混合物事前審査における品質管理基準」
　　　　　14．別添「工事書類簡素化一覧表（案）」
　　　　　15．別添「工事監督におけるワンデーレスポンス実施運用（案）」
　　　　　16．入札説明書
　　　　　17．その他関連資料
　　　　　18．○○○○

第３章　○○○○

図２　特記仕様書（工事編）における記載（例）

参考資料 | 101

[参考]
・国土交通省　土木設計業務等共通仕様書（案）（平成29年度版）「第1編共通編」における記載

第1201条　使用する技術基準等
　受注者は、業務の実施にあたって、最新の<u>技術基準及び参考図書</u>並びに特記仕様書に基づいて行うものとする。

主要技術基準及び参考図書
[3] 道路関係

NO.	名称	編集又は発行所名	発行年月
113	防護柵の設置基準・同解説	日本道路協会	H28.11
・ ・ ・	・ ・ ・	・ ・ ・	・ ・ ・
126	道路のデザイン　道路デザイン指針（案）とその解説	道路環境研究所	H17.7
・ ・	・ ・	・ ・	・ ・

・国土交通省　土木工事共通仕様書（平成29年版）「第10編道路編」における記載

第14章　道路維持
第2節　適用すべき諸基準
　受注者は、設計図書において特に定めのない事項については、<u>以下の基準類による。</u>これにより難い場合には、監督職員の承諾を得なければならない。
　なお、基準類と設計図書に相違がある場合は、原則として設計図書の規定に従うものとし、疑義がある場合は監督職員と協議しなければならない。
　　日本道路協会　道路維持修繕要綱　　　　　　　　　　　　　　　（昭和53年7月）
　　　　・　　　　　　　　・　　　　　　　　　　　　　　　・
　　　　・　　　　　　　　・　　　　　　　　　　　　　　　・
　　　　・　　　　　　　　・　　　　　　　　　　　　　　　・
　　国土技術研究センター　景観に配慮した防護柵の整備ガイドライン（平成16年5月）
　　　　・　　　　　　　　・　　　　　　　　　　　　　　　・
　　　　・　　　　　　　　・　　　　　　　　　　　　　　　・

（2）標準図集等の仕様への記載（例）

　標準図集等において、図3に示す通り本ガイドラインの内容を具体的な仕様として記載することや、色彩について具体的な色名称やマンセル値を指定することは、道路のデザインに係る参考図書の実効性の確保に効果的である。

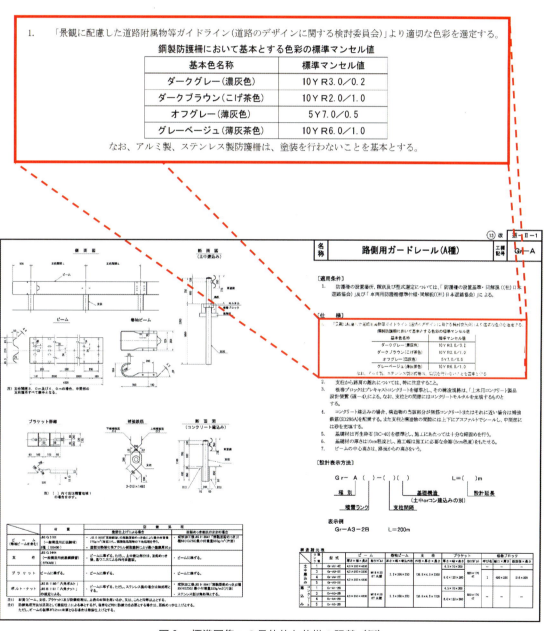

図3　標準図集への具体的な仕様の記載（例）
（※上図は、北陸地方整備局の標準図集を参考に作成）

（3）道路附属物等に係るマスタープランの策定

　道路附属物等の新設や更新は一貫した考えに基づいて行うことが基本であり、道路管理者による管内道路を対象とした道路附属物等に係るマスタープランを策定することが望ましい。
　さらに、策定したマスタープランの特記仕様書への記載等により、その適用を標準化することは、良好な道路景観の形成を推進するための有力な手段となる。（第4章参照）

図4　マスタープランにおける基調色の設定方針（例）
※「ふくおか国道　色彩・デザイン指針（案）」（平成29年6月）より抜粋
※福岡国道事務所（国土交通省九州地方整備局）では、特記仕様書において、適用基準として記載

〈参考〉平成16年以降の道路景観関連の法律や施策等の動向

　道路分野において景観検討を進めるにあたっては、道路のデザインに係る参考図書と合わせて道路景観に関連する法律や施策等を参照することが肝要である。

表1　平成16年以降の道路景観関連の法律や施策等の一覧

発行年月		法律・施策等	担当部署・編著等
年	月		
16	3	防護柵の設置基準通達の発出	道路局
16	4	無電柱化推進計画（平成16年度〜20年度）の策定	道路局
16	5	景観に配慮した防護柵の整備ガイドラインの刊行	景観に配慮した防護柵推進検討委員会
16	6	景観法の成立	都市局
16	6	国土交通省所管公共事業における景観評価の基本方針（案）の通知	大臣官房技術調査課
17	4	道路デザイン指針（案）の通知	道路局
17	7	道路のデザイン―道路デザイン指針（案）とその解説―の刊行	（財）道路環境研究所（現（一財）日本みち研究所）
17	12	第1回日本風景街道戦略会議の開催	道路局
18	6	高齢者、障害者等の移動等の円滑化に関する法律（バリアフリー法）の成立	道路局
18	11	道路法施行令の改正による自転車利用の促進（道路占用許可に係る工作物等に自転車駐車用の車止め装置等を追加）	道路局
18	12	観光立国推進基本法の成立	観光庁
19	3	国土交通省所管公共事業における景観検討の基本方針（案）の通知	大臣官房技術調査課
19	4	「日本風景街道」のルート指定開始	道路局
20	5	地域における歴史的風致の維持及び向上に関する法律（歴史まちづくり法）の成立	都市局、文化庁、農林水産省
20	7	国土交通省都市局公園緑地課が公園緑地・景観課に改組	都市局
20	10	観光庁が発足	観光庁
22	2	無電柱化に係るガイドライン（平成21年度〜）の策定	道路局
22	5	公共建築物等における木材の利用の促進に関する法律の成立	大臣官房官庁営繕部整備課
24	3	観光立国推進基本計画の策定	観光庁
24	11	「安全で快適な自転車利用環境創出ガイドライン」の策定	道路局・警察庁
26	1	法定外表示等の設置指針の策定	警察庁
27	3	道路緑化技術基準の改正	道路局・都市局
27	6	広域観光周遊ルート形成促進事業によるルート認定（7ルート）	観光庁
28	4	道路協力団体制度の創設	道路局
28	4	公共建築物における木材の利用の促進のための計画の策定	大臣官房官庁営繕部整備課
28	6	広域観光周遊ルート形成促進事業によるルートの追加認定（4ルート）	観光庁
28	7	「安全で快適な自転車利用環境創出ガイドライン」の改定	道路局・警察庁
28	12	無電柱化の推進に関する法律の成立	道路局
28	12	自転車活用推進法の成立	道路局

（※この他の基準類等も検討対象等に応じて参照すること）

資料-2　景観の種類

　道路の景観は、内部景観（道路敷地内から眺めた景観）と外部景観（道路敷地外から眺めた道路自体の景観）の二つに大別される。

　道路は、視点場であると同時に眺められる対象でもあることから、内部景観ばかりでなく、外部景観にも配慮する必要がある。

1．道路敷地内からの景観（内部景観）

○内部景観は、車両の運転手や同乗者、歩行者等が、道路敷地内からその道路を含めて眺める景観であり、山・海等の遠景、沿道建築物といった道路敷地外の要素と、道路の線形やストリートファニチャー、道路附属物等（防護柵等、道路照明）といった道路自体および道路敷地内の要素が主要な景観要素になる。

○内部景観においては、シーン景観、シークエンス景観の扱いも重要である。

→シーン景観（固定的な視点からの透視図的（写真的）な景観）

　歩行者は移動速度が遅く、立ち止まることも多いので、その景観は固定的な景観（シーン景観）としての性格が強くなる。視点の移動速度が遅いので、規模の大きな要素だけでなく、防護柵をはじめとする道路附属物等の材質や細部の表情、舗装面の状態や模様等の細かな点も意識される。

→シークエンス景観（視点の移動につれて連続して変化する景観）

　車両の運転手や同乗者から見た最も重要な内部景観のひとつである。視点の移動速度が速いので、景観は、流れるように連続して認識される。景観の展開や連続性、防護柵の基本形状や色彩等が特に問題となり、細部はあまり対象とならない。

○道路の内部景観をシーン景観として捉える場合、防護柵はその手触り感等の細部のデザインが重要になる。また、内部景観をシークエンス景観として捉える場合には、移動する視点からの外部への眺望確保や周辺景観にいかに溶け込んでいるかに配慮すること等が特に重要である。

2．道路敷地外から眺めた道路自体の景観（外部景観）

○外部景観は、沿道利用者や地域住民等が道路敷外から当該の道路を周辺景観とともに眺める景観であり、周辺景観と道路の構造物（法面、橋梁等）や道路附属物等（防護柵、道路照明等）との調和が重要となる。

○外部景観は、集落や展望台等、視点位置が道路外部にも多く存在する自然・田園地域において特に重要である。

○外部景観には、道路構造物が地域景観を分断するという眺望に係る問題と道路構造物自体のデザインや周辺地域との馴染みに係る問題、という二つの側面がある。自然景観に優れた国立公園、国定公園、県立自然公園等の自然公園地域内等においては、道路外部の視点（展望台等）から見た時に、帯状に連続する防護柵は目立つ存在となりやすいため、形状・規模や色彩等に対する配慮が特に必要となる。

■外部景観において、防護柵や遮音壁等の道路附属物等は目立つ存在となりやすい

資料-3　色彩の基礎知識

1．色彩の基本

色彩の基本は、色の三属性（色相・明度・彩度）で構成され、有彩色の赤・黄・青などの色合いを「色相」、色の明るさ暗さを「明度」、色の鮮やかさを「彩度」という。

無限に存在する色彩もそれぞれの属性の性質を明らかにすることで、道路の構造物としてふさわしい色彩の方向性を検討することができる。

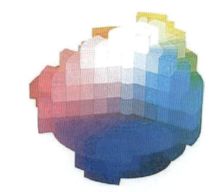

図1　マンセル色立体

2．色相

マンセル表色系での「色相」は、マンセル色立体を上から見て、5 R、5 Y、5 G、5 B、5 Pの五色相を基本とし、その間を分割した40色相を用いている。（図2参照）

一般に赤(R)〜黄(Y)の範囲は「暖色（ウォーム）系」と言われ、暖かみを感じるとともに賑わいを演出する色相であり、逆に緑(G)〜青(B)の範囲は「寒色（クール）系」と言われ、落ち着いた雰囲気を創出する際に多く使われている。

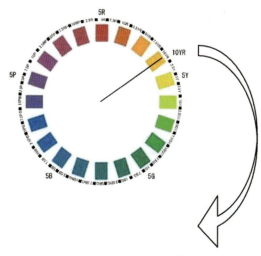

図2　マンセル色相

3．明度・彩度

マンセル表色系での「明度」は、マンセル色立体での高さとして表され、明るさを表し、理想の黒を最下位0、理想の白を最上位10とし、その間を知覚的に10段階に分けたものである。

例えば、図3の青枠はマンセル値では10YR7/1であるが、明度を2下げると10YR5/1の緑枠の色となる（マンセル値とは色彩を「色相　明度／彩度」で表わしたもの）。

一般に大きさも材質も同一の物質では、明るいもの程「軽快」に感じられ、暗いもの程「重厚」に感じられる。

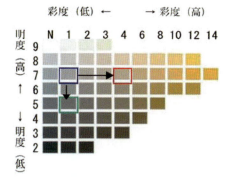

図3　マンセル色相10YRの明度と彩度

同様に「彩度」は、鮮やかさを表し、マンセル色立体の無彩色軸を中心として、中心から遠ざかるほど鮮やかな色になり彩度値が高くなる。例えば、図3の青枠はマンセル値では10YR7/1であるが、彩度を3上げると10YR7/4の赤枠の色となる。一般に鮮やかな色ほど誘目性が高く、人目につきやすい。

資料-4 道路附属物等の現状

道路附属物等は道路上に垂直に立ち上がりのある施設であるため、水平性が卓越する道路景観において、景観的に目立つ存在になりやすい。また機能上、連続して設置される防護柵や遮音壁は、延長が長くなるため、景観的影響が大きい。

こうした道路附属物等の設置の現状を、景観的な課題として捉え直すと、大きく以下の6点に整理される。

課題①：必ずしも防護柵としての機能が求められていない場所に設置されている
課題②：周辺景観のなかで道路附属物等が目立っている
課題③：外部への眺望が阻害されている
課題④：形状、色彩の異なる道路附属物等が連続して設置されており、煩雑な印象となっている
課題⑤：近接して設置される他の道路附属物等との景観的統一性がない
課題⑥：歩行者が触れる施設としての配慮に欠けている

課題①：必ずしも防護柵としての機能が求められていない場所に設置されている

■ 植樹帯と横断防止柵を併用した例
　植樹帯により歩行者の横断防止機能が確保されているため、横断防止柵は必ずしも必要ない

■ 交差点部に歩行者の巻き込み防止のために防護柵が設置された例
　縁石や駒止め等、他の施設でも代替は可能であり、防護柵は必ずしも必要ない

■ 鉄道高架橋の橋脚保護のために防護柵が設置されたと考えられる例
　橋脚は、防護柵の柵高と同程度の一段高い構造物上にあるため防護柵は必ずしも必要ない

■ 歩車道分離のために車両用防護柵が設置されたと考えられる例
　車両の路外逸脱防止・進行方向復元といった車両用防護柵としての機能は求められていない。縁石等、他の施設でも代替は可能である

課題②：周辺景観のなかで道路附属物等が目立っている

・色彩の明度、彩度が高い場合や、周辺景観と全く異なる色相の道路附属物等は、周辺環境から浮き立った存在になりやすい。
・特に、鉛直的な立ち上がりの大きい遮音壁は規模が大きいが故に道路景観において目立った存在になりやすい。
・道路空間に様々な色彩が出現すると、情報過多となり整備意図が伝わりにくくなるだけでなく、景観的に大きな混乱を生じる。

■周辺景環境から浮立った印象のある白色の防護柵の例

■色彩の彩度が高く、周辺景観から浮立った印象となっている防護柵の例

■過剰なデザインで周辺景観から浮立った印象となっている横断防止柵の例

■沿道建築物と全く異なる色相で、明度・彩度も高いため景観的に目立っている歩道橋の例

■色彩やデザインが過剰で景観的に目立ちすぎている例

■規模が大きいため存在感が大きく、景観的に目立っている遮音壁の例

■多用した柵類が目立つことで、空間の狭さを強調し圧迫感が生じている例

■ カラー舗装やカラー標示等の多用は、道路景観が悪化するだけでなく、情報が交錯することによる交通安全機能の低下にもつながる。

課題③：外部への眺望が阻害されている
・ガードレール形式等の透過性の低い防護柵は、沿道への眺望を阻害しやすい。

■外部への眺望を阻害している透過性の低い防護柵の例

課題④：形状、色彩の異なる道路附属物等が連続して設置されており、煩雑な印象となっている
・個々の意匠や色彩のデザインは悪くなくとも、連続する施設相互のデザインがバラバラであれば、煩雑な印象となりやすい。

■連続して設置されている道路附属物等の相互の形状、色彩等が異なるため、煩雑な印象となっている例

課題⑤：近接して設置される他の道路附属物等との景観的統一性がない
・標識、照明、信号、電柱等、多数の施設が無秩序に並び、その意匠や色彩のデザインもバラバラであれば、煩雑な印象となりやすい。

■防護柵と照明柱、信号柱、標識柱の意匠、色彩が異なるため、煩雑な印象となっている例

課題⑥：歩行者が触れる施設としての配慮に欠けている

・柵の裏側や端部の処理が粗雑（例：ボルト・ナット類の露出等）なために、歩行者に不快感を与え、安全上も問題となっている道路附属物等の例がある。

▌ボルト・ナット類が露出する等、裏面の処理が粗雑な防護柵の例

資料-5　夜間景観ガイドライン等の事例

表　夜間景観ガイドライン等の策定状況（1/2）

種別	タイトル	発行年月	発行	道路照明についての記述
ガイドライン	星空景観形成地域ガイドライン	平成16年	兵庫県	上方に拡散しない灯具を推奨
基本計画	ライトアップ基本計画	平成17年	松本市	「街路は周囲の景観に適合する形状、明るさ、光色の照明を統一感をもって整備する。」 「十分な路面の明るさを得られ、上空への光が発散しない灯部を持つ器具を設置する。」 「特に立体道路部については、遠景から眺望したときにそこだけが目立つことにならないよう配慮する。」 ■個性／景観／観光の重要度が高いゾーン 「照明器具は景観上できるだけ露出させないようなものを選択し、露出する場合も違和感のないよう処理」 「夜間長時間の点灯が求められるため、高効率で長寿命の光源であること」 「光色は、一般的には照射する建物の表面仕上げにより、暖色系であれば色温度を低めに、寒色系であれば色温度を高めに設定」 ■生活／共生の重要度が高いゾーン 「照明器具は、景観上できるだけ露出させないだけでなく、民家に対して光漏れなどの影響がないよう取り付け」 「中心地区に比べて夜間の点灯時間は短いがメンテナンス性を高めるため、高効率で長寿命の光源である」 「光色は、照射する建物の表面仕上げによるが、住宅地でもあることから全体に暖かみのある光色にまとめる」
基本計画	函館市夜景グレードアップ構想・基本計画	平成18年6月	函館市	―
ガイドライン	福井市夜間景観ガイドライン	平成20年7月	福井市	「周辺の住環境や交通環境、生態系等に対して光害とならないなど、眩しさのない照明環境を整備」 「点灯時間の抑制や調光制御など照明を適切にコントロールするとともに、星空観察会に合わせた一斉消灯なども有効」 上方に拡散しない灯具を推奨する挿絵
基本計画	金沢らしい夜間景観整備計画	平成26年3月	金沢市	照明環境形成基準・夜間景観形成基準（下記参照） ■地区ごとに色温度、演色性を設定 色温度「歴史景観保全区域：2700〜3500、住宅環境地域など：2000〜4300、自然環境地域など：2000〜5300、商業業務地域：6000未満」 演色性「歴史景観保全区域：80以上、自然／住宅／商業業務地域など：60以上」
ガイドライン	下関市夜間景観ガイドライン	平成28年3月	下関市	「歩行者の安心・安全の確保に努め、連続性のある光により誘導を行う」などゾーン毎に目標を設定 「色温度：2000〜5000K、演色性：Ra70以上」 ■車道・歩道照明の留意事項 「全方向に光が拡散する灯具は、発光部が大きかったり、光源が直接見えるもの多く　光源が直接見えるもの多く、グレアを感じやすい。」「このタイプ器具を使用する際は事前にグレアの影響がないか確認」 「無駄な光が上方に拡散し、効率良く路面を照らしていない」 -- 「上方に無駄な光を拡散させない器具、路面を効率良く照らす灯具を採用すること」 「極力グレアを感じない灯具を採用」

参考資料 | 117

表　夜間景観ガイドライン等の策定状況（2/2）

種別	タイトル	発行年月	発行	道路照明についての記述
基本計画	環長崎港夜間景観向上基本計画	平成29年5月	長崎市	■地区ごとに色温度、演色性を設定 ・基本となる照明は「2700〜3500K 程度」などの幅を持たせる ・「際立たせたい対象には5000K 程度を併用する」 ・「Ra80以上を基本、人が多いエリアは Ra90以上」など
建築物への行為制限				
基本計画	旭川街あかり計画	平成7年12月	旭川市	―
条例	高山村の美しい星空を守る光環境条例	平成10年	高山村	―
条例	美しい星空を守る井原市光害防止条例	平成16年2月	井原市	―
基本計画	神戸市夜間景観形成基本計画	平成16年3月	神戸市	―
基本計画	ファンタスティックイルミネーション 事業推進基本計画	平成16年	鹿児島市	―
ガイドライン	みなとみらい 21 新港地区街並み景観ガイドライン	平成22年1月	横浜市港湾局	・夜間景観を演出する照明は、温かみのある色温度（3000K 程度）の光源を用いる。
ガイドライン	みなとみらい21中央地区都市景観形成ガイドライン（第2版）	平成25年11月	横浜市都市整備局	・カフェや店舗が連続している歩行者の多い通りでは、人の温かみが感じられる色温度（3000K 前後、電球色など）の光源を用いて、夜のにぎわいを演出する。 ・水際沿いは水辺の映り込みを意識して、連続したフットライトや水際の歩道照明を整備する。 ・各通りや水際は、それぞれの特性を生かして、間接照明やライトアップ、イルミネーション、その他の照明方法の工夫とともに、光の広がり（光束比）や光源色に配慮した照明とする。
ガイドライン	まちのあかりのガイドライン（税関線沿道南地区）	平成25年	神戸市など	―

〇長崎市

【全体像（遠景・眺望）】

- 色温度を低く統一した照明が斜面市街地を浮き上がらせて夜景のアクセントとなる道路
- 水際線の顕在化

- 平和公園エリア
  3,000Kを基調
  清廉な印象のために 4,000～5,000Kを部分的に使用
- 一般市街地
  3,000K程度を基調に落ち着いた居心地の良い光環境
- 東山手・南山手エリア
  クラシカルな高級感を醸し出すため2,700K程度を基調

- オフィス街など活動的なエリアは3,500K程度まで高く
- 歴史情緒を感じさせる地区は2,700K程度まで低く

【中・近景】（例）平和公園エリア
・現状の4,000～5,000Kから3,000～3,500K程度に抑制
・店舗からの漏れ光、街路樹のライトアップを活用して明るさを確保
・歩行者が眩しく感じないように歩道の低い位置にフットライトを設置
・交差点ハイライトを設置して車道の交差点に必要な照度を確保

※環長崎港夜間景観向上基本計画（平成29年5月、長崎市）を参考に作成

○下関市

【夜間景観の整備基準】

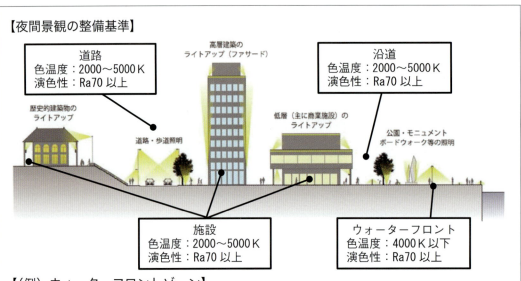

【(例) ウォーターフロントゾーン】
・ボードウォークの木素材と相性の良い電球色を採用し、夜間や冬場の寒々しさを優しく暖かな空間に見せる
・薄暗い歩道に暖色系の照明を連続的に設置し、夜間通行の安全性を向上するとともに、光の連続する景観を演出

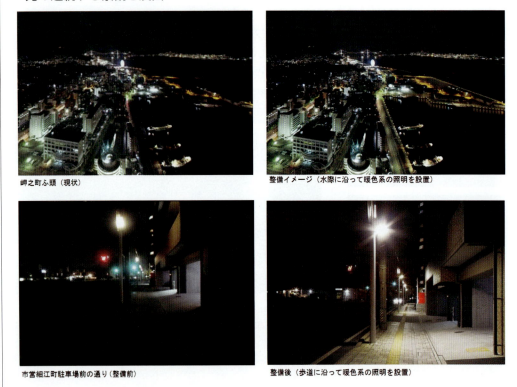

※下関市夜間景観ガイドライン（平成28年3月、下関市）を参考に作成

○金沢市

【照明環境の形成のために参考とすべき数値指標】

基準／地域名	地域の特徴	CIE環境区域	光害対策ガイドライン類型区分	【A】平均照度 (lx)	【B】上方光束比 (%)	【C】色温度 (K)	【D】演色性 (Ra)	【E】障害光※ 鉛直面照度 (lx)	【E】照明器具最大光度 (cd)	【E】建物表面輝度 (cd/㎡)	【E】看板輝度 (cd/㎡)	【F】発光面輝度[グレア] (cd/㎡)	【G】総合効率 (lm/W)
自然環境地域	自然環境や農地の保全を図る地域	E1	Ⅰ：あんぜん	1～5	0	2,000～5,300	60以上	2 lx	2,500 cd	0 cd/㎡	50 cd/㎡		
住宅環境地域	専用住宅を中心とした住宅地域	E2	Ⅱ：あんしん	3～10	0～5	2,000～4,300	60以上	5 lx	7,500 cd	5 cd/㎡	400 cd/㎡		
まちなか地域	金沢市の中心部で、伝統的市街地が形成されている地域	E3	Ⅲ：やすらぎ	3～30	0～15	2,000～4,300	60以上	10 lx	10,000 cd	10 cd/㎡	800 cd/㎡		
生活産業地域	住宅と工業系施設が混在立地している地域	E3	Ⅲ：やすらぎ	3～30	0～15	2,000～5,300	60以上	10 lx	10,000 cd	10 cd/㎡	800 cd/㎡		
生産業務地域	工場等の工業系施設の立地が目立つ地域	E3	Ⅲ：やすらぎ	3～30	0～15	2,000～5,300	60以上	10 lx	10,000 cd	10 cd/㎡	800cd/㎡		
流通業務地域	主に流通業務系の施設が立地している地域	E3	Ⅲ：やすらぎ	3～30	0～15	2,000～5,300	60以上	10 lx	10,000 cd	10 cd/㎡	800cd/㎡		
商業業務地域	都心部や駅周辺等の商業・業務施設が集積立地している地域	E4	Ⅳ：たのしみ	5～100	0～20	6,000未満	60以上	25 lx	25,000 cd	25 cd/㎡	1,000 cd/㎡		

【F】発光面輝度[グレア] 照明器具の高さ～（m）：4.5未満 = 6,000／4.5～6 = 8,000／6以上 = 10,000

【G】総合効率：
LED以外の光源 — ランプ入力電力が約200W以上の場合 80 lm/W以上／ランプ入力電力が約200W未満の場合 50 lm/W以上
LEDの光源 — 暖白色・電球色／白色・温白色・電球色：電球色・昼光色 昼白色LED 100 lm/W以上／88 lm/W以上、電球型LED 80 lm/W以上／70 lm/W以上

※）暖かみのある光源とは、色温度が概ね4,000K以下

※）鉛直面照度、照明器具最大光度は、滅灯時間前における値

歴史的景観保全区域

基準／地域名	地域の特徴	種別	【C】色温度 (K)	【D】演色性 (Ra)
歴史的景観保全区域	伝統的な街並みと調和し、歴史的・文化的雰囲気を際立たせた情緒や風格のある夜間景観を形成する区域	公共照明	2,700～3,500 ～4,300※	80以上
		上記以外の照明	2,700～4,300	上表（地域ごとの数値指標）に準ずる

※）景観資源を白く照射した方が効果的な場合などにおいては4,300Kまで許容

※照明環境形成地域別基準（金沢市）より抜粋

【金沢らしい夜間景観のあり方】
①暖かみのあるあかり
　金沢の色彩景観は「木色（もくじき）」がベースとなっており、また金沢の代表的な伝統産業である金箔になぞらえて、暖かみのあるあかりを基調とする。
②まぶしくないあかり
　伝統的な街並みの魅力を高めるため、また、照射された景観資源の顕在化や歩行者、運転者に対する安全確保のため、灯具の形状や光源は不快なまぶしさを与えないものとする。
③地域特性に応じたあかり
　ベースとなる照度分布の上に、リズムやアクセントとなるあかりを加え、地域の個性を活かしたあかりのデザインを施す。灯具については、地域の景観特性に応じて形状を検討する（地域の景観特性を表現した形状、主張しない形状など）。

④生活からにじみ出るあかり
　行灯やショーウィンドウ、門灯、格子から漏れる光などの生活・生業のあかりと公共照明との融合により魅力的な夜間景観を形成する。

※金沢らしい夜間景観整備計画（平成26年3月、金沢市）より抜粋

○神戸市

【三宮駅から国道2号までの光の質や演出の方針】

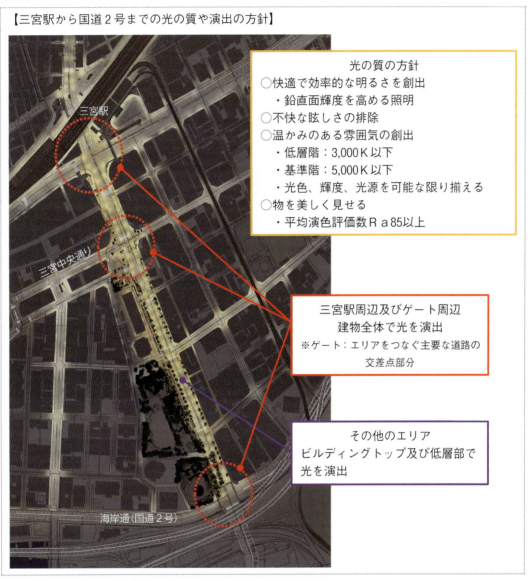

※まちのあかりのガイドライン（税関線沿道南地区）〜夜間景観づくりにむけて〜
（平成25年、神戸市）を参考に作成

資料-6 車道混在・自転車通行帯表示のローカルルールの設定事例

国立公園内であることなど、伊豆地域独特の事情を考慮し、特例としてローカルルールを設定している事例

※出典：平成28年度　静岡県景観懇話会　資料4
伊豆地域における自転車走行空間整備に向けた取組
（平成29年2月、静岡県）

資料-7 防護柵の種類と形式

車両用防護柵の種類には「たわみ性防護柵」と「剛性防護柵」とがある。またさらに、たわみ性防護柵には、「ビーム型防護柵」「ケーブル型防護柵」「橋梁用ビーム型防護柵」等の形式がある。
車両用防護柵の種類、形式の選定については、「防護柵の設置基準」において定められている。

【車両用防護柵の種類の選定】

車両用防護柵は原則としてたわみ性防護柵を選定するものとする。
ただし、橋梁、高架などの構造物上に設置する場合、幅員の狭い分離帯など防護柵の変形を許容できない区間などに設置する場合においては、必要に応じて剛性防護柵を選定することができる。

【車両用防護柵の形式の選定】

車両用防護柵の形式選定に当たっては、性能、経済性、維持修繕、施工の条件、分離帯の幅員、視認性の確保、快適展望性、周辺環境との調和などに十分留意して選定するものとする。

（「防護柵の設置基準」より引用）

■参考：車両用防護柵の種類・形式

■参考：歩行者自転車用柵の種類

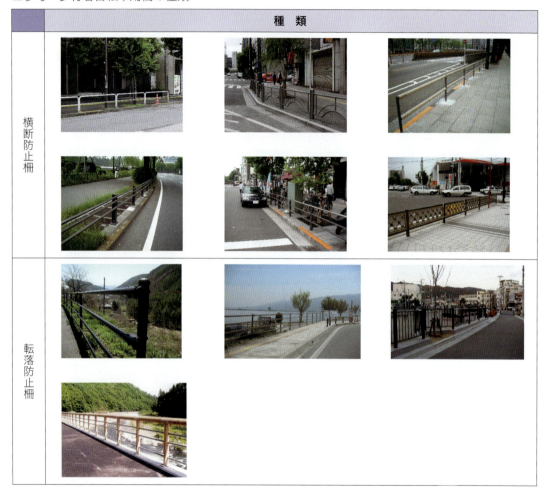

資料-8 道路附属物等関連基準類一覧

参考資料

　本ガイドラインで取り扱っている道路附属物等に関連する技術基準を下表に示す。そして、次頁以降に、各技術基準における景観配慮に関する主な内容とその内容に対する解釈の考え方を示す。

表 1　道路附属物等に関連する技術基準類一覧

NO.	ガイドライン該当箇所	基準名称	種別	年月日	発出者
1	3-1　防護柵	防護柵の設置基準	道路局通達	H16. 3. 31	国土交通省道路局
2		防護柵の設置基準・同解説	解説書	H28. 12	日本道路協会
3		車両用防護柵標準仕様について	建設省道路局道路環境課長通知	H11. 2. 16	国土交通省道路局
4		車両用防護柵標準仕様・同解説	解説書	H16. 3. 31	日本道路協会
5	3-2　照明	道路照明施設設置基準	都市・地域整備局長、道路局長通達	H19. 9	国土交通省都市・地域整備局、道路局
6		道路照明施設設置基準・同解説	解説書	H19. 10. 1	日本道路協会
7		LED道路・トンネル照明導入ガイドライン（案）	ガイドライン（案）	H27. 3	国土交通省大臣官房技調査課電気通信室　等
8		道路照明基準（JIS Z 9111）	基準	S63. 3. 1	日本工業規格
9	3-3　標識柱	道路標識、区画線及び道路標示に関する命令	省令	S35. 12. 17	内閣府・国土交通省令
10		道路標識設置基準	都市局、道路局通達	H27. 3. 31	国土交通省都市局、道路局
11		道路標識設置基準・同解説	解説書	S62. 1. 30	日本道路協会
12	3-4　歩道橋	立体横断施設技術基準	都市局、道路局通達	S53. 3. 22	国土交通省都市局、道路局
13		立体横断施設技術基準・同解説	解説書	S54. 1. 20	日本道路協会
14	3—5—6視線誘導標	視線誘導標設置基準	都市局、道路局通達	S59. 4. 16	国土交通省都市局、道路局
15		視線誘導標設置基準・同解説	解説書	S59. 10. 11	日本道路協会
16	3—5—8道路反射鏡	道路反射鏡設置指針	指針	S55. 12. 25	日本道路協会
17	3—5—9舗装（視覚障害者誘導用ブロック）	視覚障害者誘導用ブロック設置指針	都市局街路課長、道路局企画課長通達	S60. 8. 21	国土交通省都市局、道路局
18		視覚障害者誘導用ブロック設置指針・同解説	解説書	S60. 9. 15	日本道路協会
19		移動等円滑化のために必要な道路の構造に関する基準を定める省令	国土交通省令	H18. 12. 19	国土交通省
20		増補版　道路の移動等円滑化整備ガイドライン	ガイドライン	H23. 8. 10	国土技術研究センター
21	3—5—9舗装（自転車走行空間）	自転車道等の設計基準	都市局、道路局通達	S49. 3. 5	国土交通省都市局、道路局
22		自転車道等の設計基準解説	解説書	S49. 10. 14	日本道路協会
23		安全で快適な自転車利用環境創出ガイドライン	ガイドライン	H28. 7. 19	国土交通省道路局・警察庁交通局
24	3—5—9舗装（法定外表示）	法定外表示等の設置指針について	警察庁交通局交通規制課長通達	H26. 1. 28	警察庁交通局交通規制課
25	3—5—9舗装（規制標示・黄色）	道路標示ペイントの黄色の統一について	警察庁交通局交通規制課長通達	S53. 6. 16	警察庁交通局交通規制課

（NO.14〜25 左側に「3—5 その他の道路附属物等」）

参考資料 127

No.	対象物	基準名称	種　別	年月日	その他	既存の基準類との整合についての考え方
1	防護柵	防護柵の設置基準	道路局通達	H16.3.31	・特に無し。	
2	防護柵	防護柵の設置基準・同解説	解説書	H28.12	・橋梁、高架区間においては、道路上の構造物としてランドマーク的要素もあるため、景観上の配慮が強く求められる場合がある。このような場合には、橋梁用ビーム型防護柵が用いられることが多い。また同区間においては、剛性防護柵と同程度あるいは剛性防護柵に近い強度を有し、かつ路外の展望性を確保する防護柵として、下部がコンクリート製、上部が金属製の複合型防護柵が用いられる場合もある。(p44)	―
3	防護柵	車両用防護柵標準仕様について	建設省道路局道路環境課長通知	H11.2.16	・特に無し。	―
4	防護柵	車両用防護柵標準仕様・同解説	解説書	H16.3.31	・特に無し。	―
5	照明	道路照明施設設置基準	都市・地域整備局長、道路局長通達	H19.9	第3章連続照明 3-3　照明方式の選定 連続照明の照明方式は原則としてポール照明方式とする。ただし、道路の構造や交通の状況などによっては、構造物取付照明方式、高欄照明方式、ハイマスト照明方式を選定することができる。なお、灯具は照明方式に応じて適切に配置するものとする。 第5章トンネル照明 5-2　照明方式の選定 トンネル照明の照明方式は原則として対称照明方式とする。ただし、道路の構造や交通の状況などによっては、非対称照明方式を選定することができる。	―
6	照明	道路照明施設設置基準・同解説	解説書	H19.10.	(概ね、道路照明施設設置基準と同様)	

No.	対象物	基準名称	種　別	年月日	その他	既存の基準類との整合についての考え方
7	照明	LED道路・トンネル照明導入ガイドライン(案)	ガイドライン(案)	H27.3	4．照明灯具技術仕様 4.3　道路照明・歩道照明用LEDモジュール・LEDモジュール用制御装置 4.3.3　LEDモジュールの性能 LEDモジュール用制御装置と組合せた場合の初特性は表4.4を満足すると共に照明灯具に応じたLEDモジュールの規定光束を満足するものとする。(表の内容：道路照明用白色LED及び歩道照明用白色LEDの相関色温度(K)を4500±2000、平均演色評価数Ra60以上とする。)	・規定のLEDモジュールを考慮して望ましい色温度と演色性を規定。
8	照明	道路照明基準(JIS Z 9111)	基準	S63.3.1	・特に無し。	―
9	標識柱	道路標識、区画線及び道路標示に関する命令	省令	S35.12.17	・特に無し。	・標識令では「原則」として色彩を規定しているが、解説書において、ただし書きとして、周辺環境との調和を図るため、これら以外の色彩を用いることを認容。 ・本ガイドラインは、この「周辺環境との調和を図る必要がある時」の具体的な対応方法について記載。 ・歩道橋の記名表示についての規定はなく、本ガイドラインでは、歩道橋に記される記名表示の書体等について記載。
10	標識柱	道路標識設置基準	都市局、道路局通達	H27.3.31	3-1-5　標示板の併設 同一の支柱に2以上の標示板を設置する場合には、次の各項に留意するものとする。 （1）案内標識、警戒標識、規制標識及び指示標識の各道路標識は、相互に関連がある場合を除き、他の分類の道路標識の標示板との併設は原則として避けるものとする。ただし、本標識と補助標識の併設はこの限りではない。 （2）同じ分類の道路標識の標示板であっても、必要以上に併設しないものとする。特に警戒標識については、2以上の設置が考えられる場合においても、そのうち最も注意を要するもののみ設置し、原則として併設はしないものとする。 （3）（1）又は（2）に関わらず、次のような場合には、標示板の併設について検討するものとする。 1）現に道路標識が設置されている場所に、近接して道路標識を設置する必要がある場合、又は近接した場所に新たに2以上の道路標識を設置する場合で、併設することにより設置効果が増大する場合。 2）主として道路の構造上の理由で交通の規制が行われる場合であって、警戒標識と規制標識を併設しようとする場合。	
11	標識柱	道路標識設置基準・同解説	解説書	S62.1.30	・標識に用いられる書体として、一般道路の標識に用いる日本字は、丸ゴシック体とし、高速道路等の案内標識に用いる日本字は角ゴシック体、規制標識等は丸ゴシック体とする。(p69)	

No.	対象物	基準名称	種　別	年月日	その他	既存の基準類との整合についての考え方
12	歩道橋	立体横断施設技術基準	都市局、道路局通達	S53. 3. 22	・特に無し。	・歩道橋の記名表示についての規定はなく、本ガイドラインでは、歩道橋に記される記名表示の書体等について記載。【再掲】
13	歩道橋	立体横断施設技術基準・同解説	解説書	S54. 1. 20	・特に無し。	
14	視線誘導標	視線誘導標設置基準	都市局、道路局通達	S59. 4. 16	・特に無し。	・反射体の色彩については輝度の概念を含むJIS規格で規定されており、自由度は極めて小さい。 ・支柱の色彩については「類する色」としてグレーベージュ、オフグレーを記載。 ・また、基準に記載のない取付部材や、基準外である大型の反射体等について、景観へ配慮するよう記載。

参考資料 133

No.	対象物	基準名称	種　別	年月日	その他	既存の基準類との整合についての考え方
15	視線誘導標	視線誘導標設置基準・同解説	解説書	S59.10.11	・特に無し。	・反射体の色彩については輝度の概念を含むJIS規格で規定されており、自由度は極めて小さい。 ・支柱の色彩については「類する色」としてグレーベージュ、オフグレーを記載。 ・また、基準に記載のない取付部材や、基準外である大型の反射体等について、景観へ配慮するよう記載。
16	道路反射鏡	道路反射鏡設置指針	指針	S55.12.25	・特に無し。	・「周囲の環境等により、やむを得ない場合」の例として景観的な配慮を行う場合と記載。
17	舗装 （視覚障害者誘導用ブロック）	視覚障害者誘導用ブロック設置指針	都市局街路課長、道路局企画課長通達	S60.8.21	・特に無し。	・黄色を基本とするものの、周辺の路面との輝度比や明度差が確保できるよう、黄色以外の色を選択することについても記載。
18	舗装 （視覚障害者誘導用ブロック）	視覚障害者誘導用ブロック設置指針・同解説	解説書	S60.9.15	・特に無し。	
19	舗装 （視覚障害者誘導用ブロック）	移動等円滑化のために必要な道路の構造に関する基準を定める省令	国土交通省令	H18.12.1	・特に無し。	

参考資料 135

No.	対象物	基準名称	種　別	年月日	その他	既存の基準類との整合についての考え方
20	舗装 （視覚障害者誘導用ブロック）	増補版 道路の移動等円滑化整備ガイドライン	ガイドライン	H23. 8. 1(	・特に無し。	・黄色を基本とするものの、周辺の路面との輝度比や明度差が確保できるよう、黄色以外の色を選択することについても記載。
21	舗装 （自転車走行空間）	自転車道等の設計基準	都市局、道路局通達	S49. 3. 5	・特に無し。	―
22	舗装 （自転車走行空間）	自転車道等の設計基準解説	解説書	S49. 10. 1	・特に無し。	
23	舗装 （自転車走行空間）	安全で快適な自転車利用環境創出ガイドライン	ガイドライン	H28. 7. 1!	・特に無し。	
24	舗装 （法定外表示）	法定外表示等の設置指針について	警察庁交通局交通規制課長通達	H26. 1. 2(	・特に無し。	・具体的方法の例として、カラー舗装を使用する場合の推奨色を、赤色系、青色系、緑色系別に彩度、明度の範囲を規定。
25	舗装 （規制標示・黄色）	道路標示ペイントの黄色の統一について	警察庁交通局交通規制課長通達	S53. 6. 1(	・特に無し。	・警察庁通達による色彩に従う。

景観に配慮した道路附属物等ガイドライン

（綴込附録：道路附属物等基本4色色見本）

2017年11月20日　第1版第1刷発行

編　著　道路のデザインに関する検討委員会
発　行　一般財団法人　日本みち研究所
　　　　　　　　　　URL http : //www.rirs.or.jp/

〒135-0042　東京都江東区木場2-15-12
MA ビル3階
TEL 03-5621-3111（代表）

発　　　売　株式会社大成出版社

〒156-0042　東京都世田谷区羽根木1－7－11
TEL　03-3321-4131（代表）
http : //www.taisei-shuppan.co.jp/

ⓒ2017　（一財）日本みち研究所　　　　印刷　亜細亜印刷

ISBN978-4-8028-3314-1